悲剧的诞生

［德国］弗里德里希·尼采 编
杨恒达 译

译林出版社

图书在版编目（CIP）数据

悲剧的诞生 /（德）弗里德里希·尼采著；杨恒达译. —南京：译林出版社，2020.10

（译林人文精选）

ISBN 978-7-5447-8389-7

I.①悲… II.①弗… ②杨… III.①美学理论-德国-近代 IV.①B83-095.16

中国版本图书馆 CIP 数据核字（2020）第 162943 号

悲剧的诞生 ［德国］弗里德里希·尼采 / 著　杨恒达 / 译

责任编辑　王　蕾　王瑞琪
装帧设计　薛顾璨
校　　对　王　敏
责任印制　单　莉

原文出版　Deutzscher Taschenbuch Verlag de Gruyer（dtv）
出版发行　译林出版社
地　　址　南京市湖南路 1 号 A 楼
邮　　箱　yilin@yilin.com
网　　址　www.yilin.com
市场热线　025-86633278
排　　版　南京展望文化发展有限公司
印　　刷　江苏凤凰新华印务集团有限公司
开　　本　880 毫米 × 1230 毫米　1/32
印　　张　6.375
插　　页　2
版　　次　2020 年 10 月第 1 版
印　　次　2020 年 10 月第 1 次印刷
书　　号　ISBN 978-7-5447-8389-7
定　　价　35.00 元

尼采导读

方向红

一个夏天。德国德累斯顿市中心剧院广场。一位导游指着泽姆普歌剧院（Semperoper）顶部的几座雕像问道："有人知道我们德国的哲学家尼采吗？左边的那座神像就是尼采说的酒神狄奥尼索斯。"

在场的人不住地点头。看来，对于尼采，大家都不陌生。

于是，在接下来的旅途间隙中，尼采成为我们共同的话题。一位朋友用他的真实经历给我们诠释尼采的思想："有一年，大约是90年代初，我与一位诗人一起从南京乘火车去北京。我们没有买到座位票，车厢里非常拥挤。我们找了个空位坐下，将箱包放在行李架上。过了一会，来了两个人，向我们出示了座位票，我们只好让出，站在过道上。这时，其中一人指着行李架上的箱包说，'这是你们的行李吗？'诗人答道，'是的。'那人彬彬有礼地说，'请你们拿走吧！我们也有东西要放。'诗人提高了嗓门（当然，车内本来就嘈杂），'你们不讲良心?！你们有座位，我们这里挤得连站的地方都没有，你让我们的行李放哪儿?!'那两个人愣了一下,然后将自己的行李放在身上和腿边。

"下车后,我夸了诗人,'你行啊,找他们要良心!'诗人笑而不答。我接着问道,'如果你是那个人的话,你怎么对付我们呢?'诗人说,'我找你们要秩序!'

"'你真聪明!'

"'尼采还问,为什么他自己这么聪明呢。'

"接着,诗人给我讲起了尼采的两点'聪明'之处:'我要'和非道德。'我要'不仅是知道自己想要什么,还要敢于说出来,敢于实现它,千万别受任何道德的约束,因为古往今来所有的道德都是不道德的。"

听完这番话,笔者告诉这位朋友,这听起来像是尼采的思想,实际上,尼采对这种做法是深恶痛绝的。

难道尼采不敌视道德?不敌视道德就不是尼采了。我们来听一听尼采在《朝霞》中给我们讲的故事以及他的分析。看到有人落水,很多人都会奋不顾身地跳到水中救人。有人会说,这是出于同情,因为同情,我们眼里只有其他人的生命,这时我们没有想到我们自己的安危;看到他人吐血,哪怕他是我们的仇人,我们也会感到难受和痛苦。有人会说,这是出于同情。尼采讥讽地说,持这种看法的人都是"没有头脑的人"。其实,如果我们看到他人落水而坐视不救,这会让我们意识到我们自己的软弱或怯懦;他人的吐血预示了我们所有人生命的脆弱性。在这两种情况下,我们首先想到的其实还是我们自己，我们自己的软弱或脆弱，但当我们做出反应时，即，当我们不顾一切跳入水中，当我们心中升起一股无法遏制的痛苦时，我们已经把自己最真实的感觉、最害怕面对的真相掩盖起来了。这是一种“巧妙的自卫”。尼采打趣说，如果不是这样，他人的痛苦为什么常常可以有效地减轻我们自己的烦恼呢。

尼采还指出了一个有趣的现象：道德诲人而人不倦。希腊人几乎没有多少时候表现出节制、果敢、公正和智慧，然而，当他们听苏格拉底讲四主德时，他们又是多么津津有味！为什么？因为他们没有能力获得这些美德！尼采断言，在一个民族奉若神明的头号道德律令的背后，乃是这个民族的首要缺点。

一方面对不道德的做法深恶痛绝，一方面又敌视道德，这不是自相矛盾吗？要理解尼采对道德的真正态度，我们必须回到欲望和意志，这才是尼采思考的起点。

从汉语的角度来看，“欲”字，左为形声，右为会意，本义指心中有所欠缺，由此必然进一步引出贪爱和渴望。“志”字则表心之所向、意之所往之义，此时虽不能将“志”直接等同于“行”，但“意志”已经开始推动“欲望”向行动转化并对行为进行系统干预和调节了。在西方思想史中对“欲望”和“意志”作过深入思考并获得广泛影响的人当首推19世纪上半叶的德国哲学家叔本华。

叔本华的特别之处在于，他把我们通常对“欲望”和“意志”的看法推向极致，由此为我们推出了一种意想不到的思想景观。我们一般的看法是,“欲望”和“意志”与心有关,与心中的欠缺、向往、目标以及为达至目标而表现出来的决心和毅力有关,是一种偏向主观的东西,与客观现实没有直接的联系,例如,在同样的社会环境中,有的人心满意足,有的人却欲壑难填,面对同样的生活目标,有的人坚毅顽强,有的人轻言放弃。但叔本华告诉我们,这样的看法不算错,但不够彻底。是的,人类文明所创造的一切无不是人类欲望的推动和人类意志的成就,但是,我们是否注意到并想过,牙齿、食道、肠的蠕动不正是饥饿这个欲望化作现实了吗?生殖器不正是性欲的外在表现吗?抽象的欲望在这里成了对象,换言之,这些器官不是别的,它们就是欲望和意志本身,因为本来无法显现的欲望和意志正是在这些器官里才化身为可见现象的——现在,我们可以肯定地说,我们直观到意志了。其实,人是如此,大自然中的事物何尝不也是这样呢?请看,植物的生长,结晶体的形成,磁针的指向,石头向地面的下落,太阳对地球的吸引,哪一个不代表欲望和意志化身为对象或现象呢?意志是无处不在的,人类、动物、植物、有机物甚至无机物都有意志,它们的差异仅仅在于意志显现自身的程度有上下高低之分,例如,意志在植物身上的显现就高于在石头那里的,在动物身上的又高于植物身上的,在人身上的更高于动物身上的。整个世界无非就是意志及其在不同程度和层级上的显现。用哲学的术语来说,意志是本体,是自在之物,人类社会和自然界中的一切都是意志的表象。这也是叔本华的名著《作为意志和表象的世界》的用意所在。

不管我们是否同意叔本华的极端思想，欲望和意志对人类社会的巨大影响力是不容否认的。一方面，失去了欲望的人类同时也会失去开拓世界的动力，但是另一方面，多少痛苦因欲望而来，多少纷争因欲望而起，这一点恐怕也没有什么疑问。现在的问题是，我们该如何面对欲望和意志？它们究竟是人类进步的发动机还是威胁人类正常生存的洪水猛兽？日常的看法不外乎是承认欲望和意志的推动作用但限制它们的过分膨胀。这话听起来似乎很有道理，但可惜的是，要实行起来恐怕难于上青天。谁来限制欲望？谁来改变意志？唯有欲望和意志而已！人类怎能指望用欲望来限制欲望，以意志来改变意志？人类各大古代文明的圣贤智者都意识到这令人不安的难题，他们给出的答案也都大同小异：引入道德评价系统，贬低欲望，把欲望与堕落、庸俗等负面的道德评价联系在一起，抨击人们的尘世追求，引导人们对欲望进行转化和升华，鼓励人们追求天理、正义以及真善美等更高的价值。到了西方近代时期，随着文艺复兴的蓬勃展开，人在尘世上的各种欲望得到了正面的肯定，甚至获得了文艺复兴时期天才们的高度赞扬。如此一来，古代的道德评价体系对欲望便不再有任何约束力，可谓“礼坏乐崩”了。如何面对这一新的状况？如何克服欲望在道德标准和伦理原则失效的情况下所带来的个人间的纷争以及社会团体、民族、国家之间的战争？启蒙哲学家经过两百多年的探索终于在康德那里凝聚成一条解决方案——诉诸理性：我们再也不要期望改变我们人性中的那恶的一面了，但只要我们大胆地运用我们自己的理性，我们就可以在相互猜疑但又相互制约的情况下签订契约，先在国家内部创造出合理的社会制度，然后通过国家之间的相互协定，让每个人都成为世界公民，从而享受永久的和平和福祉。对于这种签约方式，康德解释说，每一方实际上都想把对方框进契约之中而让自己不受协定约束，其结果便是所有的参与方都不得不受到契约的限制。

理性的解决之道可行吗？只要放眼看看今天的世界，我们就可以体会到启蒙思想的影响力。西方国家的民主构架，世界贸易体系，联合国的成立及其运作方式，所有这些无不以启蒙精神为最终的依据。理性的解决之道真的可行吗？只要我们环顾一下现当代的国际现实，答案是不言自明的。民主体制中的收买和交易，经济危机和金融危机的周期性爆发，国家政治中的单边主义和霸权主义现象，无不昭示着启蒙理性的重重危机。

其实，早在叔本华那里就已经出现了对理性的不信任。对于理性与欲望、意志之间的关系，叔本华给我们打过这样一个比方：意志好像是一个勇猛刚强的瞎子，而理性则不过是由他背负着给他指路的明眼瘸子。意志和欲望才是真正的主人，而理性不过是工具而已，有时甚至沦为帮凶。既如此，我们怎能指望理性来统辖或调节欲望呢？

怀着对理性的失望，叔本华转而求助审美和禁欲。审美可以让我们忘却欲望之痛。当一个人沉浸在对艺术对象的欣赏之中时，他便摆脱了欲望和意志的桎梏。试想，这时，无论这个人是从狱室里，还是从王宫里观看日落，又有什么区别呢？不过，审美给我们提供的解脱是暂时的，有时甚至只是瞬间的，因为我们无法长时间地“自失”于对象之中，一旦我们从对象那里返回，对象与我们之间的欲望和意志关系会立即重新出现在我们的意识之中。要想彻底战胜意志，就必须走上一条禁欲之路，具体来说便是，自愿放弃性欲和食欲，乐于承受痛苦，以便最终达到“不可动摇的安宁”和“寂灭中的极乐”。

叔本华的思想是如此独特，其结论又是如此悲观，这让尼采深受震撼。1868年的一天，年仅二十四岁的尼采手捧叔本华的《作为意志和表象的世界》，闭门不出，谢绝一切来访，如痴如醉地连续阅读了十四天。可是，从事专门的哲学研究对年轻的尼采来说似乎为时已晚，因为他在古希腊文明史方面不仅受到过系统的训练，而且已经展示出杰出的才华，被视为学术界的一颗新星，第二年即在未经考核的情况下受聘于巴塞尔大学，出任古典学副教授。虽说古典学与哲学相距不远，但毕竟是两个不同的科目，这也许让尼采心挂两头了。不过，后来的事实证明，尼采的哲学意识像一堆篝火那样，在被叔本华的著作点燃之后不仅再也没有熄灭，反而越烧越旺，终于让他于十年之后，在不断加重的身体疾病和不断加深的哲学洞察的双重折磨下辞去了巴塞尔大学的教授职位。辞职之后的尼采身体未见好转，可令人吃惊的是，他的哲学之火却燃烧得更加猛烈了。他生命的最后十一年是他创作的高峰期（其实，自1879年算起到他1889年被耶拿大学精神病院收容之前，真正的写作时间不超过十年)，《朝霞》、《快乐的科学》、《查拉图斯特拉如是说》、《善恶之彼岸》、《道德谱系》、《敌基督》、《看哪，这人》、《尼采驳瓦格纳》以及《偶像的黄昏》等我们耳熟能详的著作都是这一时期的作品。

究竟是何等的烈火锻造出集思想与才情于一身的尼采，乃至把他推向疯癫？个中原因，我以为，在于他借助于叔本华的意志主义哲学发现了一个惊人的秘密，一个两千多年以来一直遭到曲解、压制和遮蔽的秘密：意志的方向通过价值转换被扭转了。

意志还有方向吗？是的，它的方向就是不顾一切地实现自己。它的最完美的表现，我们可以在古希腊的酒神节里看到。当狄奥尼索斯歌队走过的时候，迷醉的人们放纵狂舞，这时，人与人、人与自然开始和解，动物开口说话，大地流出牛奶蜂蜜，人不再是孤独的个体，甚至也不是艺术家，他成了艺术品，他融入到那神秘的“太一”之中，体验到那无可名状的快感；可是，同时出现的还有残忍的暴力和毫无节制的性放纵。肉欲与残暴混合在一起配成的“妖女淫药”，让古希腊人欲罢不能却又胆寒心惊！希腊开始拒绝狄奥尼索斯，可是最终还是无法拒绝，他们选择了和解，他们用日神阿波罗艺术来对抗酒神狄奥尼索斯：那动人心弦的节奏被改造成单纯的节奏拍打，那灵魂出窍的狂暴发泄通过嘴唇、面颊、语言、肢体的有节奏的运动而得到象征性的表达。然而，即使是这样，有些阿波罗式的希腊人透过日神艺术的面纱仍然窥见了酒神的影子，这让他们“惊恐万分”！而当他们发现他们的阿波罗意识本来就是遮盖狄奥尼索斯世界的一层面纱时，他们的“惊恐就越发厉害了”！

怎么办？如何面对生存的真相，如何摆脱酒神精神带来的恐怖？希腊应运而生了两位“堕落的天才”：荷马和苏格拉底。具有“纪念碑”意义的荷马用他的史诗“将奥林匹斯众神光辉灿烂的环境”置于恐怖之前，让希腊人即使在幻觉中也无法见到伟大的导师狄奥尼索斯了；“自命不凡的”苏格拉底用他的“知识即美德”、“有德者即幸福者”这种自以为“无所不能的理性乐观主义”将酒神精神永远逐出希腊人的意识之外。然而，就是在这里，“社会的毁灭之种”已经播下了。

是种子总要发芽的。果不其然，在基督教中发生的“奴隶起义”就是一株从“毁灭之种”中生长起来的毁灭之芽。让我们逆时间而上，回到两千年前发生的一件大事。本来，在当时的主奴关系中，主人或贵族的价值观是占主导地位的道德评判标准，强大、优越和攻击性就意味着善，意味着会得到神的恩宠。然而，包括牧师在内的一帮奴隶却对耶稣在十字架上的受难作了全新的阐释，他们把苦弱和同情解释为善，把强大、优越和攻击性视为恶。这个新的价值等式在犹太人那里得到空前的弘扬，他们不仅秉承了僧侣阶层的思想，还“把‘富裕’、‘无神’、‘恶’、‘暴力’、‘感性’熔于一炉并且第一次把‘世界’一词铸成羞辱性词语”。至此，主奴之间的价值等级被彻底颠倒，价值转换从此被正式确立起来了。如果说，在两千年之后，奴隶们的这场起义已经“处于我们的视线之外”,那是因为它当时便“获得了全面的胜利”。

今天,哪怕我们只是简单地回顾一下这段历史,我们也能够隐约地预感到古希腊哲学中的“理性”、“节制”、“美德”、“幸福”及其与“善”、“正义”等概念之间的关系对奴隶的价值等式的提振作用。感性世界难道不是理念世界的影子吗?节制所针对的不正是自己的优越感和对强权的欲望吗?德性距离善与幸福又何其相近?难怪尼采慨叹道,希腊哲学的退化为基督教做了多少准备工作啊!

故事还没有到此为止,毁灭之芽还没有开出“恶之花”。在文艺复兴时期,在启蒙运动时期,这“最丑陋的”一刻终于来临。这时,“上帝死了”,“人类中最丑陋的人”杀死了上帝,这本来是一次扭转乾坤的契机,然而,这帮“末人”,这群“脚夫”,这些“驴”,竟然自己登上上帝的位置,用道德代替宗教,用社会效用和历史进步代替神圣的价值。结果呢,什么也没有改变,同样的奴隶制,同样的被颠倒的价值,唯一不同的是,在以前的神圣价值的制高点上,现在站立的是“人性的、太人性的”价值。然而,凭借这一不同点,我们可以肯定地说,现代人变得更加丑陋了,现代世界越发滚进虚无和黑暗了,因为今天的人不再需要外部指令,单凭自己的理性判断和道德准则便可以禁止自己做曾是上帝禁止他做的事情。

两千多年漫长的历史,哲学史也好,宗教史也好,都不过是人的漫长的驯化史,其后果便是人的悲剧的诞生:我(尼采)打着灯笼想在集市上找到一个人,一个真正的、完整的人,但看到的却都是头、耳朵、腿和手,都是残肢断体。

但是，比人的悲剧更为严重的是虚无主义笼罩大地，它让人彻底丧失了复归为人的希望。什么是虚无主义？虚无主义是如何降临的呢？我们知道，"虚无"就是什么也没有、什么也不存在、什么也没剩下的意思，但是，我们不能依此类推，把"虚无主义"相应地解释为关于虚无的学说或理论。虚无与虚无所否定的东西相关，因此，"虚无主义"就是虚无将自身安插进任何一门理论或"主义"的核心处。由于尼采的思考与价值及其转换相关，因此，在尼采看来，虚无就是什么价值也没有留下，虚无主义就是"最高价值的自行贬黜"。大致说来，最高价值在诗歌那里表现为美，在哲学那里表现为真，在宗教那里表现为善，可是，由于这些价值在谱系上来源于诗人、哲人和牧师的虚构，因此，它们最终在历史的展开中暴露出自己的本来面目：虚无。尼采曾以柏拉图哲学为例说明虚无主义的发生逻辑。在柏拉图看来，世界是一分为二的，位于低层的是感性世界，它的存在是变动不居的因而不具有永恒性和真实性，真实的世界是位于高层的超感性领域，它是永恒的理念世界。高层世界是赋予尺度的东西，而低层世界则是它的影子，因而理念世界是人类应该追求的目标。然而，这个真实的世界人曾经抵达过吗？从来没有！既然从未抵达过，它就是未知的，因此它也就不是慰藉性的、救赎性的和约束性的了——某种未知的东西能够约束我们什么呢？自古至今，这个理念世界虽经历无数哲人的精巧建筑，甚至在黑格尔那里走到了它辉煌的顶点，但它最终还是坍塌了，留下了一堆思辨的废墟，与基督教的"上帝之死"一起把大地拖入虚无主义的暗夜。

这样一种虚无主义自其诞生之日开始便与奴隶的意志紧紧地结合在一起，使残缺不全的人处于永恒的轮回之中。在形而上学的理念之光的照耀下，在基督教神学的救赎承诺中，人的意志遭到了压制、贬斥、改造和转换，人本身也被撕成了碎片，诞生的是不完整的人，成长起来的是奴隶和弱者，那再度轮回的还是支离破碎的躯体；当人怀疑理念的真实性、杀死上帝时，碎片式的人仍在轮回，唯一不同的是在轮回之上的超越者不再放射出令人安慰让人信赖的光芒。

在这里，我们有必要把尼采与叔本华放在一起作一个比较。我们知道，叔本华把世界归结为意志的思想让尼采深受启发——有一个事例也许可以作为佐证，尼采曾津津乐道于叔本华关于哲学才华的评价：哲学才华的标志是在某些时候体验到人和事物都是纯粹的幻影，只有经验到更高的真实、经验到与现实相对立的状态的完美性，生活才变得可能——但是，尼采无法接受叔本华熄灭意志的解决方案，恰恰相反，尼采通过哲学和宗教的历史证明，任何阻碍意志实现自身的思想都会带来灾难性后果。

有人可能会问，这些“圣人贤哲”为什么要这么做？这样做对他们有什么意义呢？他们又是如何做到这一点的呢？尼采也思考过这些问题并给出了十分精彩的解答，这些解答对20世纪的现代以及所谓的后现代思潮产生了深刻的影响。在尼采看来，恐惧和怨恨，尤其是后者，是西方戏剧、形而上学和宗教得以根深叶茂的深层动因。如果说荷马的史诗还是源于对狄奥尼索斯神戕害生命的恐惧的话，同一时期的喜剧就已经发展出一种技巧，以便暗中改变价值序列。喜剧演员扮演生活中的各种角色人物，甚至无神论者和诗人，但他们基本上都是有裸露癖的人，他们总是在撒谎，总是在非难，他们靠说“这是我的错”来企图引起怜悯，甚至企图唤起强者的罪恶感，使所有生存者感到耻辱，使自己的毒液得以蔓延。因此，尼采大声叫道，“你的抱怨里有陷阱！”——法国哲学家德鲁兹把尼采的分析称为“深层类型学”并认为这是尼采在心理学上的“伟大发现”；苏格拉底与上层贵族进行辩难，目的是揭示他们不知自己的无知，同时还通过标榜自己的“无知”（自知其无知）来羞辱这些权贵。对强者和高贵者的怨恨在此已经初露端倪；在早期基督教那里，由牧师所发动的“奴隶起义”中，怨恨的冲动及其伪装都达至顶峰。在世俗生活和政治事务中，牧师本来处于社会底层，他们痛恨这个现状，但又没有胆略和能力与王公贵族进行正面的较量，于是他们便对“十字架上的上帝”作了重新解释，把奴隶价值置于主人价值之上，用苦弱和同情取代强大、优越和暴力。从此，弱者便成了强者，卑劣者变成了优越者，奴隶变为主人，而主人和强者反倒成为恶和卑下的代名词；从此，灵魂上的优越高于政治上的优越。心怀怨恨的僧侣阶层就是这样在精神上巧妙地完成了对他们政治上的主人阶层的复仇。

对于近代时期，文艺复兴之后的思想发展和社会结构的变迁与怨恨之间的关系，尼采没有在细节上作过说明，但紧随其后的韦伯和舍勒已经发现了怨恨、宗教与资本主义的发生之间的对应关系并作了出色的论证，可以算是对尼采思想的完美注释。

如果我们换个角度，把怨恨理解为因压抑而被积蓄起来的能量，而把它在宗教和形而上学上的表现看作一种经过伪装和移置的发泄，一种唯有经过伪装和移置才被允许的发泄，那么，我们可以肯定地说，19世纪的尼采已经预告了20世纪的弗洛伊德精神分析学的秘密。

我们知道，人类文明史通常可以分为古代、近代和现代（如果我们这里不考虑可疑的后现代的话）三个时期。这三个时期并不单纯是依时间的进展而自动彼此区分的，每一个新时期的出现必然在思想上有其特殊的标志。下面让我们做个试验，把欲望和意志放入不同的时期，看看一般来说会受到怎样的对待。显然，在古代文明中，欲望和意志一边遭到人们的谴责和讨伐，一边被不遗余力地文之化之，被引向对更高更神圣价值的追求；在近代文明特别是西方近代文明中，人们放弃了教化对欲望和意志的改造作用，转而求诸理性和契约，以达到对欲望的合理抑制以及对意志的正确引导；在现代文明中，人们发现，一方面，理性和契约都是靠不住的，它们已经沦为意志的工具，就是说，理性不仅被个人利用来为自己的欲望服务，甚至还被一部分人用来压制另一部分人；另一方面，欲望和意志从根本上说是无法压制的，它们终究是要实现自己的，哪怕是通过伪装、变形和移置等方式象征地实现自己。当然，整个人类的文明史是极其丰富和复杂的，这里所做的只是根据人们对欲望和意志的不同态度而进行的极为抽象和粗略的划分和说明。尽管这种说明已经偏离了尼采的总体思路，但我们至少可以从中看出，尼采对现代思想范式的出现所做出的开创性贡献。也正是在此意义上，尼采通常被看作现代哲学的开山者，而叔本华只是近代哲学与现代哲学之间的过渡人物，因为他的一只脚（对意志的理解）已经踏进了现代，而另一只脚（对意志的解决方案）还留在近代。

那么，尼采提出了怎样不同于叔本华的解决方案呢？与叔本华试图通过审美和禁欲来熄灭意志的理论取向背道而驰，尼采要求最大限度地弘扬意志。为了做到这一点，他呼吁我们重新估价包括"十字架上的上帝"在内的一切价值，把消极的虚无主义转变为积极的虚无主义，还永恒轮回以本来的面目，完成第二次价值转换，以便让强力意志无拘无束地喷薄而出，从而最终为超人的到来铺平道路。

具体说来，尼采的思路是这样的。尼采一开始只是发现，意志的方向就是不顾一切地实现自己，后来进一步认识到，每一个具体的意志在实现自己的过程中总会遇到其他意志的阻碍和反抗，这时，意志的方向就不仅仅是自我实现了，而且还是超越并主导他人意志。这样的意志我们也可以用另一个名称"强力意志"来称呼它——这时的尼采似乎忘了叔本华的意志哲学对他的启蒙，转而批评叔本华把意志简单地归结为"渴求、本能和欲望"。进一步来看，在具体的强力意志的交往和对抗中，强力意志本身分化为两个阵营：主人阵营和奴隶阵营。我们已经知道，主人的强力意志是强者的强力意志，它肯定自身的优越、强大、攻击性和创造性并把它们当作善来追求，这当然会导致强者恒强、强者更强的良性循环；而奴隶的强力意志不过是弱者的强力意志，尽管它也梦想战胜并主宰强者的强力意志，但它无力做到这一点，于是便心生恐惧和怨恨，在戏剧、哲学、宗教等领域发动了一场又一场的“奴隶起义”，把强者的价值选择称为恶，把自己的苦弱和同情心奉为善的圭臬，以此来为强者的强力意志套上枷锁，使强者在羞辱感和负罪感中放弃自己的要求和愿望，甚至为弱者所掌控。不幸的是，这场斗争的胜利属于弱者。由于弱者是依靠削弱强者的意志才取得这场胜利的，因此我们可以想见，意志本身的方向在今天已经被扭曲到何种程度：主人，“他们也经常误解自身”，经常对自己的价值信念发生动摇，以至于主动为自己的高贵的意志系上缰绳，“因为弱者，或称放肆的猪猡，给它们投上了一层阴影——最优秀的人湮没无闻了”；奴隶呢，他们虽然获得了胜利，但战胜了主人、拥有了力量的奴隶还是奴隶，因为奴隶的强力意志渴望得到的不再是更大的能力、更高的优越性和更强的创造力，而是现成的权力、金钱和名誉。整个人类社会被普遍地奴隶化了，大地失去了它应有的意义。

为了重新赋予大地以意义，我们必须对现有的价值系统再进行一次转换，把颠倒了的价值体系再次颠倒过来。这是第二次价值转换。与第一次价值转换不同的是，在新的价值系统的最高处不再有任何形而上学或神学的杜撰物，任何意义上的存在、理念、必然、太一、正义、至善等绝对者都遭到强力意志的否定。但是，强力意志并不是一味否定一切，它在否定的同时也在肯定，它肯定大地和生存，肯定大地的生成和生存的多样性，肯定“感性”、“偶然”、“无神”、“恶”和“暴力”的价值，肯定它们属于生成和多样性，防止它们被静止、必然和统一的绝对者所同化、吸收乃至宽恕。

在完成了第二次价值转换之后，旧的价值系统中的一切价值便可以得到重新评估了。存在不再是高高在上的范畴，存在就是不断变化的生成；统一之“一”不再是对多的统摄和综合，而是多种多样的个体或片断中的那不断变化的同一者；必然也不是借助偶然而表现出来的规律，必然就是偶然的碎片和成分的总和，就是赌徒掷出的骰子的数目——真正的强者，真正的赌徒，都会像狄奥尼索斯那样，热爱这偶然的必然，热爱这偶然中的必然数目。

甚至虚无主义和“十字架上的上帝”的真理也可以在转换后的价值体系里获得全新的意义。虚无主义笼罩大地，这的确是人的一场悲剧，可它同时恰恰蕴含着彻底转变的契机。如果我们放任“最高价值的自行贬黜”而追逐奴隶的价值，那我们仍将处于消极的虚无主义之中，但如果我们认识到“最高价值的自行贬黜”是不可避免的历史事件，是转向新的价值的前提，如果我们同时放弃弱者的价值体系，那么，消极的虚无主义就演化为一种积极的虚无主义。这种虚无主义是虚无主义发展最高的也是最后的阶段。基督就是这种虚无主义的代表。他并非像牧师们一再宣称的那样是为了替我们赎罪而死的，他也无意借此把苦弱树立为善的标记，其实，他温和、快乐，对一切罪过漠不关心，他只盼望死，只希望早日离开这个世界。在这个意义上，可以说，他代表了最后的人，他离第二次价值转换只有一步之遥了。

同样，“永恒轮回”在新的价值体系里也恢复了其本来的面目。曾几何时，高悬在轮回之上的是不动的推动者和神圣的裁判者，是公正和至善。人间的一切苦难都有其原因和结果，一切的苦修和善行终将得到报偿，一切的罪与恶最终都会受到惩罚和宽恕，一切事物和人终将走向和解。可是，有一个疯子看出了其中的破绽：“如果有永恒的正义，会有和解吗？啊，那石头已不再滚动，‘已经过去了’，即惩罚也必是永恒的！”现在，如果我们将轮回之上的永恒的超越者当作“蠢话”一笔勾销，我们会发现，参与轮回的正是生成、多样和偶然。不过，在经过价值重估之后，永恒的超越者本身也加入了轮回的合唱。现在我们可以说，轮回正是生成的存在，是多样的一，是偶然的必然——这就是轮回的本来面目。

可是，对于这样的永恒轮回，我们将何以堪？没有了一和存在，大地的多样化生成将走向何方？失去了正义和至善的依靠，欠缺了神圣的超越者的拯救和裁决，人将走向何方？人如何面对他的身心及其行为所造的罪孽？人在世上所经历的苦难和不公如何能够得到补偿？大地无言，而人有限，人如何才能走出这没有根据和凭仗的深渊？

这是永恒轮回的深渊，我们是无法指望从中走出来的，但我们可以在深渊中选择，我们也必须作出选择，在生成的多样性和偶然性中选择那多样的一和偶然的必然。什么是多样的一？谁是偶然的必然？我们如何才能不会与其失之交臂？在完成第二次价值转换之后，我们懂得，大地上的种类繁多的存在者正是强力意志的生成，当然，这并不是说，有一个同一的强力意志在背后支撑着作为多的存在者，恰恰相反，每一个存在者的出现都意味着：强力意志回来了，或者更确切地说，每一次出现的存在者就是强力意志本身，多就是一，只不过这个“一”每一次都是生成变化着的一，这个“一”就是多。我们由此可以合理地推论出，作为个人，我们虽然不能改变强力意志的动态发生，但我们可以在众多的偶然存在者之间进行选择，选择那偶然的必然，就是说，挑选那代表强力意志展开方向的东西，促成那更高更强更优越的物种的诞生。

难道人类不是迄今为止最强大最高尚的物种？是的，从古至今，人人都这么心满意足地说。可是，只要看一看今天人类的生存状况，看一看人类的平均化程度和普遍的奴隶化现实，我们也许会同意，“人类的生存确实是阴沉忧郁的，而且永远没有意义”，有一天，“一个更强壮的种类，一个新的类型必定会出现”。这个新的物种就是超人。

超人，他产生于人，但他诞生的根据不在于人，他是一个全新的类别，他远远高于人，就像人生于猿猴却远远高于猿猴一样。在这个意义上我们可以说，人是粪土，是桥梁，是阶梯，是绳索，他是超人诞生之前的准备，他是禽兽与超人之间的中介。不要悲伤，人是过渡性的存在，他像沙滩上的脚印，在永恒轮回的潮汐过后，将会被冲刷得干干净净；不要希望，人会一跃而为超人，因为偶像崇拜、虚无主义已经侵淫久已；不要怒怨，那更高超的人踩着我们的身体走向高处。要真诚祝愿，从人的后裔中，在“最后的人”之后，有朝一日生长出一个真实的男子，一个完全的继承人；要敢于赌博，像“最后的人”的代表基督那样，用个体乃至类的存在为那偶然的必然、为超人的到来下注。

因为，“超人是大地的意义”——查拉图斯特拉如是说。

现在我们可以理解，为什么本文开端处那位诗人的“聪明”在尼采看来不过是奴隶的狡计而已，这种伎俩恰恰是尼采无法忍受的。

当时有人在听完我的简单介绍后问：“如果尼采在场，他会作何反应？”

我一时语塞，然而眼前闪现出一幕传说中的场景：1889年1月3日。意大利都灵。阿尔伯托广场。一个马夫正在狠命地鞭笞一匹老马。尼采冲上前去抱着马的脖子痛哭。尼采昏厥过去。尼采醒来，疯了。

目　录

一种自我批评的尝试[①]

·1·

无论这本成问题的书所依据的基础是什么，它都必然是最具吸引力的第一流问题，而且是一个深刻的个人问题——见证这一点的就是它产生于其中的那个时代，令人振奋的1870—1871年普法战争的时代，它生**不逢**时。当沃尔特[②]战役的隆隆炮声越过欧洲的时候，将成为本书作者的那位冥思苦想且好揣测谜语的人正端坐在阿尔卑斯山的某个角落里，苦苦思索，揣测谜语，因而既苦恼，又无忧无虑地记下他关于**希腊人**的种种想法——这本难懂奇书的核心。这个迟到的前言（或后记）就是献给此书的。在记下这些想法的几

---

① 这是尼采于1886年为《悲剧的诞生》写的序。

② 德国西南部靠近莱茵河边上的小城，1870—1871年普法战争期间，双方军队在此激战。

个星期之后，他自己到了梅斯[1]城下，还是始终没有摆脱他给希腊人的所谓"欢乐"和给希腊艺术所打上的问号；直至最后，到了凡尔赛和谈那个最紧张的月份，他最终也跟自己讲和了，并慢慢从一场自战场带回家来的疾病中康复过来，断定"悲剧从音乐精神中的诞生"在自己这里最终可以付诸实施了——从音乐中？音乐和悲剧？希腊人和悲剧音乐？希腊人和悲观主义的艺术品？至今的人类中最成功、最美、最受嫉妒、拥有最诱人的生活方式的那一类人，希腊人——怎么了？他们真的**需要**悲剧？还有——艺术？什么是希腊艺术？它们如何诞生？

你由此可以猜到，关于生存价值的大问号是在何处。悲观主义**必然**是毁灭、衰落、失败、疲惫、衰微本能的标志吗？——就像它在印度人那里的情况一样？就像它外表看来在我们这些"现代"人、欧洲人这里的情况一样？有没有一种**强者的**悲观主义？由于安康，由于漫溢的健康，由于生存的**充裕**而对生存中艰难、恐怖、险恶、成问题的东西有一种理智的偏爱？也许有一种过度充裕本身造成的痛苦？一种最敏锐的洞察力的跃跃欲试的勇气？这种目光渴望着可怕的东西，有如渴望敌人，渴望尊贵的敌人，以便在他身上试一试它的力量；并从他身上了解什么是"害怕"。在最美好、最强大、最勇敢时代的希腊人那里，**悲剧**神话意味着什么呢？

---

① 法国东北部城市，罗马帝国时代建立城堡，1871—1918年期间属于德国。

而酒神的非凡现象呢？从中诞生的悲剧呢？另一方面，置悲剧于死地的东西——道德苏格拉底主义、理论之人的辩证法、满足和欢乐——怎么样？难道这苏格拉底主义就不会恰好是一种毁灭、疲惫、病态、无政府主义本能的自我解脱的标志？而后期希腊文化的“希腊之欢乐”难道只是一道晚霞？难道反对悲观主义的伊壁鸠鲁意志只是受苦受难者的一种小心谨慎？而知识本身，我们的知识——是啊，被视为生命标志的全部知识究竟意味着什么？全部知识，目的为何？更麻烦的是，**自何而来**？怎么？知识追求也许只是对悲观主义的一种恐惧和逃避？一种针对——**真理**的聪明的正当防卫？而从道德角度讲，有点像胆怯和虚伪？从非道德角度讲，是一种精明？哦，苏格拉底，这也许就是你的秘密？哦，深奥莫测的讽刺家，这也许就是你的——讽刺？

·2·

我当时抓住的东西，是某种可怕而又危险的东西，一个带角的问题，倒不一定是头公牛那样的，但无论如何是一个**新**问题：今天我会说，这是**知识本身的问题**——知识第一次被看作有问题、成问题。当时那本书直抒我等年轻人的勇气和怀疑——但要从这样一个不适合年轻人的使命中产生出这么一本书来是多么不可能啊！立足于呼之欲出的纯粹早熟的自我体验，置于艺术的基础之上，因为知识的问题不可能在知识的基础上被认识——一本也许是献给这样一类艺术家的书，他们对分析能力和追溯能力有附带嗜好（也就是说，献给一些特例，这样的艺术家，人们不得不寻找，却一次也不愿意寻找……）。书中充满心理创新和艺术家的奥秘，背景上有一种艺术家的形而上学，一部充满年轻人勇气和年轻人忧郁的年轻人作品，甚至在似乎屈服于权威和自己的敬仰之情①的地方也是独立的、倔强而自立的。总之，是一部处女作，带有处女作这个词的贬低意义，尽管是老掉牙的问题，但它有各种年轻人的错误，尤其是“太冗长”，还有它的“狂飙突进”②；另一方面，就它取得的成功（尤其是在伟大的艺术家那里，在瓦格纳那里，此书面向他，有如面对一场对话）而言，它是一本**得到证实的**书，我的意思是说，无论如何，它使“其时代的最优秀者”感到满意。因此，它本该得到一些体谅，本该不受什么议论的；然而，我不想完全掩饰，现在在我看来，它有多么令人不快，它现在在十六年以后站在我面前显得多么陌生——在一双比较老成的、上百倍地更爱挑剔然而绝没有变得更冷漠的眼睛前，这双眼睛对那本大胆的书第一次敢于探讨的那种使命本身，即**用艺术家的眼光来看知识，然而用生活的眼光来看艺术**……来说，并没有变得更加陌生。

---

① 指尼采当初对瓦格纳的仰慕。

② “狂飙突进”本是1767—1785年德国年轻诗人、知识分子发起的一场张扬个性的文学运动。在这里，尼采用以借喻他在写《悲剧的诞生》时怀有的一种年轻人的狂热。

·3·

再说一遍：在我今天看来，这是一本不可能的书。我称之为写得糟糕、笨拙冗长、令人难堪、稀奇古怪、形象杂乱、很感情化，时不时很甜腻，直至到了很女性化的地步，节拍不匀称，无意于逻辑的澄明，极端自大，因而放弃论证，甚至不相信论证的**正当性**的书；作为给行内人士阅读的书，作为给以音乐的名义受洗、从万物之始就在共同的、非凡的艺术经验上关联在一起的人听的“音乐”，作为艺术血缘关系的识别标志，它是一本高傲而狂热的书，它从一开始就嗤之以鼻的，是“有教养者”中的俗人（profanum vulgus），而不是“大众”。但是正如它的效果已经证明和正在证明的那样，它无疑十分善于寻找它的狂热知音，并把他们吸引到新的秘密路径和舞场上去。无论如何，在这里说话的——好奇者和厌恶者都承认这一点——是一个**陌生的**声音，一位“无名之神”的门徒，暂时藏在学者的外衣之下，藏在德国人的沉重和辩证法的沉闷之下，甚至藏在瓦格纳信徒的无礼之下；这里有一个陌生甚至无名需求的精神，一个满是问题、经验、秘密的记忆，酒神的名字就像一个问号添加在它们旁边；在这里有某种东西说话了（人们怀疑地对自己说），就像一个神秘而近乎疯狂的灵魂，这灵魂既费力而又随意地结结巴巴像是在说外语，几乎犹豫不决地，不知道是要说出来还是要隐藏起来。这“新灵魂”应该**唱歌**，而不是说话！多么可惜啊，我当时不得不说的话，我不敢作为诗人说出来：也许我本来是能说的！或者至少作为语文学家——即使在今天，在这个领域里也还是几乎一切都留待语文学家去发现和发掘！在所有问题中最重要的是，这里存在某一个问题——以及只要我们没有回答“酒神倾向是什么？”的问题，希腊人就始终完全是未被认识的、难以想象的……

·4·

的确，酒神倾向是什么？——本书中就有该问题的一个答案——有一个“知情者”在那里说话，一个对自己的神知情的人，这位神的信徒。也许，我现在会更谨慎、更不善辩地谈论像希腊人的悲剧起源这样一个如此困难的心理问题。一个基本问题是希腊人和痛苦的关系，他的敏感性程度——这种关系始终如一呢，还是有所转向呢？——即这样一个问题：希腊人越来越强烈的**对美的渴望**，对庆典、娱乐、新狂热崇拜的渴望，是否出自匮乏、不足、忧郁、痛苦？因为假定恰恰这是真的，伯里克利[①](或修昔底德[②])著名的葬礼演说让我们留意到这一点——那么，按照时间来看出现得更早的相反渴望，即**对丑的渴望**，早期希腊人对悲观主义，对悲剧

---

① 伯里克利(公元前500?—前429)，古希腊政治家，雅典民主制时期的城邦统治者。

② 修昔底德(公元前460—前400)，古希腊历史学家。

神话，对生存基础上的一切可怕、邪恶、神秘、毁灭性、灾难性事物形象的好心而严酷的意愿，该缘何而生？——那么，悲剧该缘何而生？也许缘于**快感**，缘于力量，缘于漫溢的健康，缘于过分的充裕？那么，从生理学的角度发问，产生出悲剧艺术和戏剧艺术的那种疯狂，那种酒神式的疯狂，有什么样的意义呢？怎么？也许疯狂并不必然是蜕化的征兆、衰败的征兆、落伍文化的征兆？也许有——一个要精神病医生回答的问题——**健康型**的神经病？民族青年期的神经病？民族青春型的神经病？萨提尔[①]身上神与公羊的那种综合表明了什么？希腊人把酒神狂热者和远古之人想象为萨提尔，必然是出自什么样的自我体验，立足于什么样的需求？涉及到悲剧歌队的起源：在希腊的肉体焕发活力、希腊的灵魂洋溢着生命的那几个世纪里，也许有整个集体、整个文化群体分享的固有狂喜？固有幻象和固有幻觉？如果希腊人正是在他们兴旺发达的青春期向往悲剧倾向，并且是悲观主义者；如果这正是柏拉图所说的那种给希腊带来**最大**好处的疯狂；如果另一方面，从相反角度看，希腊人恰恰在他们瓦解和孱弱的时代变得越来越乐观、越来越肤浅、越来越戏子气，甚至越来越热衷于逻辑和世界的逻辑化，因而同时也越来越“欢乐”和越来越“有知识”，那又怎么样呢？也许有可能，**乐观主义**的胜利、**理性至上**日趋占统治地位，实践功利主义和理论**功**

① 萨提尔，希腊神话中的森林之神，是一个半神半山羊怪物，长有公羊的角、腿和尾巴，性好欢娱，耽于淫乐。

利主义有如同时代的民主本身一样，和民主风气的全部“现代观念”和偏见相违背，是一种沉沦之力、将至之暮年、生理之困乏的征兆？而恰恰**并非**悲观主义是这样的征兆？那又怎么样呢？伊壁鸠鲁[①]恰恰是作为**受苦者**，才是乐观主义者吗？——你看到，这本书满载着一大堆困难的问题——让我们再加上一个最困难的问题！即从**生命**的角度看，道德意味着——什么？……

·5·

在献给理查德·瓦格纳的前言里，艺术——而不是道德——已经作为人的真正**形而上的**活动提出来了；在书中，甚至多次出现了那个暗示性的命题：只有作为审美现象，世界的生存才是**有充分理由的**。事实上，全书在所有事情背后只认识到一种艺术家意识及其言外之意——如果你愿意，可以称之为一个“神”，可是无疑是一个无所顾忌的、非道德的艺术家之神，他要在建与毁之中，在善事与恶事之中感受自己同样的快乐和自负。他在创造世界的同时，从充裕和**过分充裕的困境**中，从自身内部充满矛盾压力的**痛苦**中解脱出来。世界在任何时刻都是神“**所实现的**”拯救，是只懂得在**外观**中拯救自我的最痛苦者、最对立者、最富于矛盾者永远

① 伊壁鸠鲁（公元前341—前270），古希腊哲学家，认为以道德、教养等为规范的享乐是人生至善。

在变化的、更新的幻象：你也许会把这整个艺术的形而上学说成很随意、多余、富于幻想，但是，本质问题在于，这种艺术的形而上学已经流露出一种精神，这种精神有一天将冒一切危险来抵制关于生存的**道德**解释和**道德**意味。在这里，一种“超善恶”的悲观主义也许第一次宣告自己的来临；在这里，那种“信念反常”溢于言表，叔本华早就不遗余力地事先朝它投掷过去他最愤怒的诅咒和咒骂——一种敢于将道德本身放到、贬到现象世界中，不仅将它归在“幻象”（在唯心主义专门术语的意义上）名下，而且作为外观、妄想、谬误、解释、打扮、艺术，归在“错觉”名下的哲学。也许我们可以从全书用以对待基督教——把基督教看作至今可以给人类倾听的道德主旋律最无节制的彻底华彩化[①]——的小心谨慎而又怀有敌意的沉默中最佳估量出这种**反道德**倾向的深度。事实上，没有比基督教学说更敌对于这本书中所说的，对世界的纯粹审美解释和审美辩解的了，基督教学说**只**是道德学说，**只**愿意是道德学说，而且以它的绝对尺度，例如以它的上帝真实性尺度，把艺术，**任何**艺术，放逐到**谎言**的王国里——也就是说，加以否定、诅咒、谴责。在那样一种纯粹情况下，在必然敌视艺术的思想方法和评价方法背后，我向来都感觉到那种**敌视生命的东西**，那种对生命本身忿忿然地渴望复仇的厌恶感，因为一切生命都停留在外观、艺术、错觉、

① 华彩在音乐上指的是华彩段，即意大利歌剧或协奏曲乐章末尾独唱者或独奏者的即兴发挥。这里的“彻底华彩化”就是指彻底的即兴发挥。

视觉效果以及对透视法、对谬误的必然需要上。基督教从一开始就彻头彻尾是生命对生命的厌恶和厌倦，这种厌恶和厌倦不过是乔装打扮、藏身于并且装饰成对“另一种”或“更好”生活的信念。对“人间”的憎恨，对情绪的诅咒，对美和感官性的恐惧，一个发明出来更充分地诽谤此岸世界而实际上是对虚无、终结、安息，直至对“安息中之安息”的向往的彼岸世界——这一切在我看来，如同基督教只承认道德价值的绝对意志一样，始终就像一切可能形式的“毁灭意志”中最危险、最可怕的形式，至少也是生命中最深的病态、倦怠、不快、枯竭、匮乏。因为在道德（尤其是基督教道德，也就是说绝对道德）面前，生命**必然**不断地、不可避免地被冤枉，因为生命基本上**是**非道德的东西——生命在蔑视和永远遭受否定的压力之下最终**必然**被感觉为不值得向往、本身毫无价值的东西。那么道德本身——怎么样？难道道德不应该是一种“对生命之否定的意志”，一种隐蔽的毁灭性本能，一种衰朽原则、贬斥原则、诽谤原则，一种终结的开始吗？因而是危险中的危险吗？……所以，我的本能，作为一种对生命加以肯定的本能，当时和这本成问题的书一起，转而反对道德，并且发明了一种根本对立的生命学说，一种根本对立的对生命的评价，一种纯粹关于艺术的学说，一种**反基督教的学说**。把这学说称为什么好呢？作为语言学家和善用辞令之人，我不无某种随意性地——因为谁会知道基督之敌的真名实姓呢？——用一位希腊之神的名字来命名它，我称之为**酒神学说**。

·6·

你明白，我竟然以这本书启动了什么样的使命吗？……我现在多么为此感到遗憾：我当时没有勇气（或者非分之想？）无论如何允许自己有一种**独特的语言**，来表达如此独特的观点和胆识——以至于我竭力试图使用叔本华和康德的表达方式来表达从根本上既违背康德、叔本华精神，又违背他们趣味的异类的、新的价值精神！可是，叔本华是如何思考悲剧的呢？他说："给予所有悲剧因素以特有的推动，将其推向崇高的，是对以下认识的领悟，即世界、人生不能提供真正的满足，因此**不值得**我们对它忠诚。悲剧精神就在于此，因而它把人引向**断念**。"（《作为意志和表象的世界》，第二卷，第495页[①]）哦，酒神对我说的是多么不一样啊！哦，正是这整个断念的教条，当时离我很遥远！——可是这本书现在还有更令我感到遗憾，比使用叔本华的表达方式糟蹋、损害酒神预感更糟糕得多的事情，也就是我一般地通过最现代事物的混合而**损害了**我所领悟的了不起的**希腊问题**！我在没有什么东西可期待的地方，在一切都再清楚不过地指向终结的地方，建立希望！我在最新的德意志音乐的基础上，开始编造"德意志天性"，就好像它将要发现自我、重新找到自我——

① 这是指尼采所引德文原版的页码，以下所引该书如无特别说明均指德文原版页码。

它在一个德意志精神不久前还有着欧洲统治者的意志、有着欧洲领导者的力量的时代，执行遗嘱般的、终成定局的退位，在建立帝国这个堂而皇之的借口之下，实现它向中庸、民主和“现代观念”的过渡！事实上，在这期间，我学会了毫无希望地、毫不留情地考虑这种“德意志天性”，也同样地考虑现在的**德意志音乐**，因为这种音乐是彻头彻尾的浪漫主义，是一切可能的形式中最无希腊味的；可是此外，又是一个第一流的神经杀手，在一个爱好酗酒，把模糊不清尊为美德的民族那里加倍危险，也就是说，它具有作为既麻醉人又**使人如在云里雾中**的麻醉剂的双重特性。当然，且不说对最现代的东西寄托的种种仓促希望和适用上的缺陷当时损害了我的第一本书，就是书中矗立着的那个酒神大问号，甚至在音乐方面，也继续矗立着：一种不再像德意志音乐那样具有浪漫主义起源，而是具有**酒神**起源的音乐，应该是什么样的呢？

·7·

——可是，我的先生，如果**你的**书不是浪漫主义，全世界还有什么是浪漫主义呢？还有什么对“现在”、“现实”、“现代观念”的深仇大恨会比你的艺术家形而上学走得更远呢？——这种艺术家形而上学宁愿相信虚无、相信魔鬼，也不愿意相信“现在”？在你全部对位法的声音艺术和音响诱惑之下，不是低沉地响着一种愤怒和毁灭欲的基础低音吗？一种坚决反对一切“现在”的盛怒决断，一种离实际的虚无主义并不太遥远、似乎在说着以下言论的意志:“宁愿没有任何东西是真的,也不要你们说得对,不要你们的真理是对的!”我的悲观主义者加艺术崇拜者先生,你自己洗耳恭听从你书中选出来的仅有的一段话吧,那不无雄辩的屠龙者段落,也许对于年轻人的耳朵和心灵来说,它听起来令人感到尴尬而又有蛊惑性。怎么?难道这书不是在1850年悲观主义面具之下,真正的1830年浪漫派表白?在它背后,奏响了通常的浪漫派终曲的前奏曲——决裂、衰竭、回归、扑倒在一个古老的信仰面前,扑倒在**那位**古老的神灵面前……怎么?你的悲观主义者之书本身不就是反希腊文化之作、浪漫主义之作,本身就是某种既麻醉人又使人如在云里雾中的东西,总之是一种麻醉剂,甚至是一曲音乐,**德意志**音乐?可是请听:

> 让我们想象一下这些屠龙者的果敢步伐,他们以高傲的鲁莽,对于所有乐观主义的懦弱教条不屑一顾,以便完全彻底“坚定地生活”——这样一种文化的悲剧人物,在他培养认真和畏惧的自我教育中,难道没有必要把一种新的艺术,即形而上慰藉的艺术——悲剧,作为属于他的海伦来渴望,并同浮士德一起喊出:
>
> 难道我这无比渴望之力
> 不能让这无比倩影再世?[①]

① 引文出自尼采《悲剧的诞生》正文第18节。

“难道不**必要**吗?”……不,三倍的不!你们这些年轻的浪漫主义者,不应该是必要的!不过很可能最终的**结果,你们**的结果是“得到了慰藉”,像书中所写的那样,尽管有各种培养认真和恐惧的自我教育,但还是得到了“形而上的慰藉”,总之,像浪漫主义者那样以**接受基督教**而告终……不,你们应该暂且学会**此岸**慰藉的艺术——我的年轻朋友们,即使你们想要彻底保持悲观主义者的身份,你们也应该学会**笑**;也许你们作为笑者,因此而在某一天让所有形而上的慰藉——尤其是形而上学,统统见鬼去!要不然,用那位叫做查拉图斯特拉的酒神恶魔的话来说,就是:

> 抬高你们的心气,我的兄弟们,高点!再高点!也不要忘记双腿!也抬高你们的双腿吧,你们这些善舞者,倒立起来更好!
>
> 这笑者之冠,这玫瑰花环之冠:我给自己戴上这花冠,我自己给我的笑声封圣。如今我还没有发现任何其他人有足够的实力做到这一点。
>
> 舞者查拉图斯特拉,用翅膀致意的轻盈者查拉图斯特拉,一个准备好起飞的人,向所有飞鸟致意;一切准备就绪,一个极乐世界的轻浮者:
>
> 先知查拉图斯特拉,真笑者查拉图斯特拉,不是不耐烦者,不是绝对者,一个喜爱跳跃和越界跳跃的人;我自己给自己戴上这冠冕!
>
> 这笑者之冠,这玫瑰花环之冠:你们,我的兄弟们,

我把这冠冕给你们扔过去！我给笑封圣；你们这些更高之人，给我**学着**——笑吧！

（《查拉图斯特拉如是说》，第四卷，第87页）

献给理查德·瓦格纳的前言

为了避免集中于此书中的思想有可能给我们审美公众的固有性格造成种种疑虑、激动、误解；也为了能用书中每一页都有其标志的那种宁静的欢乐，犹如美好而崇高时光的化石，来书写此书的前言，我设想了您，我最尊敬的朋友，收到此书的时刻，您，也许在一次冬雪中的夜间散步之后，如何注视着扉页上被解放了的普罗米修斯，读着我的名字，立刻就相信，不管这本书里有什么东西，反正作者有认真而急切的话要说；同样，他可以在他想到的一切问题上，与您，就像与一位在场者当面进行交流，但只可以记下和这种当面交谈相应的一些东西。在这时，您会想起，在您为纪念贝多芬而写的精彩之作发表的同时，也就是说，在刚爆发的战争恐惧和崇高感中，我正专心致志于这些思想。然而，那些，比方说，会在这种专心致志中想到爱国激情和审美享乐之对立，以及大胆认真和欢闹嬉戏之对立的人想错了：但愿他们在真正阅读了此书之后会惊讶地搞清楚，我们要着手的是怎样一个严肃的德国问题，这个问题被我们作为旋涡和转折点，真正放到了德国希望的中心。可是，也许对于这同样的一些人来说，如果他们能够不再把艺术看作有趣的附属品，看作一种附属于“生存之严肃”的铃铛没有也罢，那么如此认真地看待一个审美问题一般就带有冒犯性了；好像没有人知道与这样一种“生存之严肃”的对比有何意义。但愿以下的话能对那些认真的人有所启迪：我们相信艺术从某个人的意义上讲，是此生的最高使命和真正的形而上活动，这个人是我在这条道路上的崇高先驱者，在这里我要将此书奉献给他。

巴塞尔，1871年底

一

如果我们不仅具备逻辑的洞察力，而且达到了观察的直接可靠性，认识到艺术的继续发展同**日神倾向**和**酒神倾向**[①]的二元性有关，那我们就会为美学赢得颇多收获：这就好像人的世代相传在连续的斗争中和阶段性出现的和解中，依赖于性的二元性一样。日神、酒神这些名称，我们是从希腊人那里借用来的，希腊人不是以概念，而是以他们的神祇世界极其清晰的形象，使得明智者能听到他们艺术观察的意味深长之奥秘。我们的下述认识同希腊人的两位艺术之神——日神和酒神有关，就是说，在希腊世界里，按照起源和目的，在日神的造型艺术和作为酒神艺术的非造型的音乐艺术之间，存在着巨大的对立：两种如此不同的本能并肩而行，它

① 日神和酒神在德文原文中是Apollo（阿波罗）和Dionysus（狄奥尼索斯），在译文中一律翻译成“日神”和“酒神”。此处尼采使用的是这两个专有名词的形容词名词化形式，表示“日神倾向和酒神倾向”或“日神因素和酒神因素”。

们多半处于相互间公开的冲突中，并且相互之间不断激发更为强有力的新生命，为的是在新生中永远维持那种对立的斗争，它们共同涉及的"艺术"一词，只有表面上的调和作用；直到最后，它们才通过希腊"意志"的一种形而上的神奇作用显得好像彼此结合起来，正是在这种结合中，最终产生了雅典悲剧这种既是酒神的又是日神的艺术作品。

为了使我们了解这两种本能，让我们首先把它们想象成**梦**和**醉**这两个分开的艺术世界；在梦和醉的生理现象之间也可以像在日神和酒神之间一样，看到一种相应的对立。按照卢克莱修①的看法，庄严美妙的神祇形象首先是在梦里出现在人类灵魂面前，伟大的雕塑家在梦中看见了超人之生灵的令人陶醉的肢体构造，而希腊诗人为了了解诗歌产生的秘密，同样会提出梦的问题，同样会像《纽伦堡的名歌手》中的汉斯·萨克斯②那样做出教诲：

> 我的朋友，说明并留意自己的梦，
> 那正是诗人的工作。
> 请相信我，人的最真实的幻想
> 在梦中为他呈现：

① 卢克莱修（约公元前99—前55），古罗马诗人、哲学家。

② 汉斯·萨克斯（1494—1576），德国诗人，生于纽伦堡，写过许多工匠歌曲。在这里是指瓦格纳歌剧《纽伦堡的名歌手》（或译《纽伦堡的工匠歌手》）中的歌剧人物，接下来的引文出自该剧第三幕第二场中汉斯·萨克斯的唱词。

一切诗歌艺术和诗歌创作
不过是真实幻梦的显示。

每个人在缔造梦幻世界方面都是完全的艺术家，这种梦幻世界的美丽外表是一切造型艺术的前提，是的，正如我们将看到的那样，也是诗的重要的一半。我们享受着对形象的直接理解，所有的形式都在同我们说话，没有无关紧要和不必要的东西。就是在梦的现实最栩栩如生的时候，它也还是给我们一种朦胧**本质的**不良感觉：至少这是我的经验。为了说明这种经验的经常性，甚至正常性，我也许还得提供一些证据和诗人格言。哲学家甚至有这样的预感：在我们生活与存在于其中的这个现实背后，也还隐藏着另一个全然不同的现实，所以我们的现实也还只是外表而已；叔本华直率地把这样的能力，即有时感觉人和万物都是纯粹的幻影或梦中形象的能力，描绘成哲学才能的标志。艺术上敏感的人与梦之现实的关系，正如哲学家与存在之现实的关系一样；他仔细观看，乐在其中，因为他根据梦中形象来解释生活，练习梦中事件以用于生活。他以全部理解力体验到的，不仅是愉悦美好的形象，还有严肃、阴暗、伤心、阴沉的画面，突然的压抑，意外事件的捉弄，诚惶诚恐的期待。总之，是整部活生生的“神曲”，连同其中的“地狱”篇，从他身边经过，不只是像皮影戏一样——因为他在这些场景中一起生活，一起受苦——但是仍然不免有那种短暂的朦胧感；也许有些人像我一样记得，在梦中遇到危险或受到惊吓时，偶尔也会壮着胆子，大声说:“这是一个梦！我就梦下去吧！”有人还向我说起过这样一些人，他们能够连着三四夜把同一个梦的因果关系继续下去：这些事实清楚地证明，我们最内在的本质，我们大家的共同基础，都带着浓厚的兴趣和愉悦的急迫心情亲身体验着梦。

这种梦中体验的愉悦之必然性，同样由希腊人在他们的日神身上表达出来：作为一切造型力量的神，日神同时也是预言之神。他从根本上来说，是“照耀者”，是光明之神，但他也统治着内心幻想世界的美丽外观。与无法完全理解的日常现实相对立的这些状态的更高真实性、完美性，以及对在睡梦中起治疗作用和救援作用的自然天性的深入意识，成为预言真理能力的象征性比拟，尤其是艺术的象征性比拟，正是靠着这一点，人生才成为可能，并值得一过。然而，即使是梦中形象要避免外观作为粗陋现实欺骗我们这一病理效果，就不可跨越那种精细线条——在日神的形象中这条线也是不可缺少的：那种适度的约束，那种对疯狂刺激的解脱，造型之神的那种充满智慧的宁静。他的目光，追根溯源，一定是“明媚阳光”；即使在生气和闷闷不乐的时候，也有着美丽外观的庄严。叔本华在《作为意志和表象的世界》，第一卷，第416页[①]上关于藏身在摩耶之幕下面的人所说的话，从一种异乎寻常的意义上来讲，也适用于日神：“就像在汹涌

---

① 这是尼采当时所用德文版本的页码，在本著作后面，尼采引用叔本华《作为意志和表象的世界》一书所注的所有页码，都应属于同一版本。

咆哮、波涛起伏的无垠大海上，一个船夫坐在小船上，托身于这经不起风浪的交通工具；个别的人也是这样平静地坐在一个痛苦的世界当中，依靠、信赖个体化原理（principium individuationis）。”[①]关于日神，甚至可以这样说，在他身上，那种对个体化原理毫不动摇的信赖和藏身于其中的那种平静安坐精神得到了最庄严的表达，人们甚至想把日神看作个体化原理的崇高神像，从其表情和目光中，让“外表”的全部情趣、智慧，连同它的美，来同我们说话。

在同一处，叔本华向我们描述了一种巨大的**恐惧**，当人突然怀疑起对现象的认识形式，从而充足理由律在其任何一种形态下似乎都遇到了例外时，他就会产生这种恐惧。如果我们再给这种恐惧加上个体化原理崩溃时，从人的最内在基础即天性中升起充满喜悦的陶醉，那么我们就可以看一眼**酒神倾向**的本质了。这种本质通过**醉**的比喻，被放到了最接近于我们的地方。不是由于所有原始人和原始民族在颂诗里谈到的那种麻醉饮料的影响，就是因为春天不可阻挡地来临，使整个自然欢欣鼓舞，充满春天气息，那种酒神的激情就此苏醒，随着这种激情的高涨，主体淡出，进入完全忘我的境界。在德国的中世纪，受同样的酒神强力的支配，人们甚至越来越多地聚集在一起，到处载歌载舞：在这些圣约翰内斯

① 参见石冲白所译叔本华《作为意志和表象的世界》（商务印书馆，1982年，以下注释所引译本均指此版）中文版第483—484页。

舞蹈病患者和圣维托斯舞蹈病患者[①]身上，我们又认出了希腊酒神歌队及其在小亚细亚的史前史，乃至巴比伦和放纵的萨凯恩节[②]。有些人由于缺乏经验或麻木不仁，自以为感觉很健康，嘲讽地或怜悯地避开这样一些现象，犹如避开"大众疾病"一样，可是这些可怜虫没有意识到，当酒神崇拜者的灼热生活在他们身边沸腾的时候，他们的"健康"会显得多么像死尸般、幽灵般惨白可怖。

在酒神的魔力下，不但人和人重新团结起来，而且疏远的、敌对的或者受奴役的自然也重新庆祝她同她的浪子人类和解的节日。大地自愿奉献它的贡品，山崖沙漠中的猛兽也温顺地凑上前来。酒神的车辇满载鲜花与花环：拉车的虎豹阔步而行。人们可以把贝多芬的《欢乐颂》变成一幅画，并继续发挥想象力，看到上百万人充满畏惧地倒在尘埃中，这样人们就能接近酒神状态了。此刻，奴隶就是自由人；此刻，大家一起来摧毁在人与人之间造成贫穷、专断或"无耻时尚"的僵化、敌对的界限；此刻，在世界大同的福音中，每个人都感到自己不仅同他人团结、和解、融合，而且完全成为一体，

① 圣约翰内斯舞蹈病和圣维托斯舞蹈病实际上是一回事，出现在14世纪欧洲的黑死病时期，体现为一种失控的舞蹈癫狂，在德国首先被称为"圣约翰内斯舞蹈病"，英语叫"圣约翰舞蹈病"，这跟施洗者约翰有关，因为他是癫痫和其他动作失控病患者的主保圣人，以他的名字命名，是希望这种病能治好。后来这种病又重新命名为"圣维托斯舞蹈病"。根据传说，西西里岛人维托斯为舞蹈病患者祈祷，并得到神的回应。

② 萨凯恩节是古代波斯和巴比伦的节日，节日活动包括一项"换位"的游戏，如主人奴隶、人兽身份的"换位"。

好像摩耶之幕已被撕破，只有碎片在神秘的太一面前四处飘零。人载歌载舞，将自己表现为一个更高的共同体的成员：他连走路说话都忘记了，一路跳着舞飞到高空中。他的神态表明他着了魔。就像动物会说话，大地上产出牛奶和蜂蜜一样，人身上发出了超自然的声音：他感觉自己就是神，他现在甚至变得如此狂喜、如此振奋，就像他在梦中看见诸神的变化一样。人不再是艺术家，他变成了艺术品：整个自然的艺术力量，为了实现太一的最高幸福的满足，伴随着醉的恐惧显现出来。人，这最贵重的黏土，最昂贵的大理石，在这里被揉捏、被雕琢，伴随着酒神的世界艺术家的凿子声，响起了依洛西斯秘密仪式①的呼喊："万民啊，你们倒下了吗？世界啊，你预感到那造物主了吗？"②

---

① 依洛西斯秘密仪式因其兴起于希腊古城依洛西斯而得名，祭祀活动同农耕有关。

② 这段引文出自席勒的《欢乐颂》。

二

至此，我们把日神及其对立者酒神视为**不需要人类艺术家的中介**而从自然本身迸发出来的艺术力量。在这些力量中，自然的艺术本能首先以直接的方式得到满足：一方面作为梦的形象世界，这个世界的完成同个人的智力水平或艺术修养没有任何关系；另一方面作为醉的现实，这个现实同样不重视个人，甚至试图消灭个体，并通过一种神秘的统一感来拯救个体。对于自然的这些直接的艺术状态，每个艺术家都是"模仿者"，而且不是日神的梦艺术家，就是酒神的醉艺术家，要不最终便——如在希腊悲剧中——兼为醉艺术家和梦艺术家：作为这样的艺术家，我们可以设想他如何在酒神的醉态和神秘的自弃中独自一人离开成群结队的歌队而倒下，设想他自己的状态，即他和世界最内在基础的统一，如何通过日神的梦的影响，**在一幅隐喻式的梦中图景里**向他显现。

按照这些一般的前提和对比，我们现在来到希腊人跟前，以弄清他们身上的那种**自然的艺术本能**发展到何等程度，达到了何种水平：我们借此能够更深刻地理解并评价希腊艺术家同其原型之间的关系，或者用亚里士多德的话说，"对自然的模仿"。关于希腊人的**梦**，尽管他们有各种关于梦的文学和无数关于梦的逸事，我们也只能以猜测的方式，然而又带着相当的把握来谈论。由于他们的眼睛有着令人难以置信的确切而可靠的造型能力，加上他们对色彩具有的明快而真诚的趣味，所以令所有后人感到耻辱的是，人们禁不住也为他们的梦假定线条与轮廓、颜色与组合的合乎逻辑的因果关系，一种与他们最出色的浮雕相类似的场景效果，这种场景的完美性，若是有可能作比喻的话，无疑可以使我们有理由把做梦的希腊人看成荷马，又把荷马看成一个做梦的希腊人：比起现代人在做梦方面胆敢拿自己与莎士比亚相比，具有一种更深刻的意义。

与此相反，如果有人揭示出**酒神式的希腊人**和酒神式的野蛮人之间的鸿沟，那我们就不必单凭猜测来说话了。在古代世界——这里且不谈近代世界——的各个地方，从罗马到巴比伦，我们都能证明酒神节的存在，那种类型的酒神节同希腊类型的酒神节之间的关系，最多也就像借用公山羊之名及其属性的长胡须萨提尔同酒神本身的关系一样。几乎在各个地方，这些节日的中心都处于过度的性放纵之中，其浪潮淹没了任何家庭生活及其受人尊敬的规则；在这里释放出来的正是自然中最凶猛的野兽，乃至肉欲与凶残的丑陋结合，在我看来，这始终是真正的"女巫魔汤”[①]。关于那种节日的知识从所有陆路和水路向希腊人渗透进来，希腊人在这些节日的狂热刺激面前，有一段时期似乎受到在这里傲然屹立的日神形象的充分保护和捍卫，是日神将美杜莎的脑袋[②]交给了再危险不过的力量——未被宰杀的丑陋的酒神。正是在多利斯[③]艺术中，日神的那种庄严的拒绝姿态才得以永世不朽。当类似的冲动最终从希腊人的至深根基中夺路而出时，这种抵挡就变得更为可疑甚至不可能了，这时，德尔斐[④]神庙之神的作用仅限于通过一个及时达成的和解，将毁灭性的武器从强大的对手手里拿走。这种和解是希腊祭礼史上最重要的时刻：无论我们从哪个角度看，都可以看清楚这一事件划时代的意义。这是两个对手的和解，他们严格规定了他们从现在起必须遵守的界限，并定期赠送高贵的礼品；其实鸿沟并没有消除。但是如果我们看到，在达成和解的压力下，酒神力量是如何表现的，那么，同那巴比伦的萨凯恩节及其从人退回到老虎、猴子的地位变化相比，我们现在就在希腊人的酒神祭节庆中认识到救世节庆与基督变容节[⑤]

---

① “女巫魔汤”令人想起歌德笔下的浮士德在女巫之厨喝了女巫的魔汤，被点燃了欲望之火，有时甚至变得很凶残。

② 在希腊神话中，女怪美杜莎的脑袋被英雄帕修斯砍下后装在雅典娜的盾牌上，在这里，美杜莎的脑袋指的是希腊人对野蛮人的酒神节日的抵制。

③ 古希腊多利安人居住的山地名称，也指一种艺术风格。

④ 指日神。

⑤ 救世节庆（das Welterlösungsfest）指的是复活节等基督教节庆日，基督变容节（der Verklärungstag）也是基督教节庆日，在8月6日。尼采在文中使用的是这两个词的复数形式，含有泛指基督教节庆日的意思。

之类的意义。只有在那些希腊节庆中，自然天性才达到了其艺术的欢腾，只有在它们那里，个体化原理的破坏才成为一种艺术现象。那种由肉欲和凶残构成的令人恶心的女巫魔汤在这里没有效力，只有酒神信徒的狂热情绪中那种神奇的混合和两重性，即那样一种现象：痛感唤醒快感，由衷的欢呼夺走令人痛苦的声音，使人想起它来，就好像药物使人想起致命的毒药一样。乐极生悲，人们会为一个无法弥补的损失发出惊呼或怀念的哀怨声。在那些希腊节庆中，似乎突然出现了自然天性的感伤面容，好像它不得不为自己肢解成个体而叹息。这些有着双重情绪的狂热信徒的歌唱和手舞足蹈对于荷马的希腊世界来说是闻所未闻的新事物，尤其是酒神的音乐引起了恐惧与惊骇。如果说从表面上看音乐已经作为一种日神艺术而闻名的话，那么精确地说，它只是作为节奏的波浪式拍击，这种拍击的造型力量被发展来描绘日神状态。日神的音乐是有声的多利斯建筑艺术，但只是以暗示的声音，就像基塔拉琴[①]的声音那样。正是那种构成酒神音乐乃至一般音乐的非日神因素，如音色的震撼人心的力量、统一的旋律之流、空前绝后的和声境界等，都被小心翼翼地拒之门外。在酒神颂里，人被刺激着登上了他的象征能力的最高峰；从未感受过的事情，如摩耶之幕的毁灭，由同一性来充当族类乃至自然的守护神等，力求得到表达。现在自然的本质应该象征地做出自我表现；必须有一个象征的新世界，首

---

① 有七至十八根弦的古希腊拨弦乐器。

先是整个躯体的象征，不仅是嘴的象征、脸的象征、语言的象征，而且是有节奏地运动全部肢体的完整舞姿。然后突然迅猛地发展起其他的象征力量，即有着节奏、力度、和声的音乐的象征力量。为了实现所有象征力量的彻底解放，人必须处于那种自弃的高度，要象征地以那些力量来说话：唱着酒神颂歌的酒神仆从因而只为其同类人所理解！日神式的希腊人一定向他投去非常惊讶的目光！这种惊讶越来越厉害，因为它又掺入了这样的恐惧：所有这一切原本对他并不陌生，是的，他的日神意识只不过像一层幕布一样遮挡着他面前的这个酒神世界。

三

为了理解这一点，我们似乎必须一块石头、一块石头地把日神文化那座具有高度艺术性的大厦拆下来，直至我们看到大厦赖以建立的基础。在这里我们首先看见的是耸立在大厦山墙上的**奥林匹斯**诸神的壮丽形象，他们的业绩用光彩普照的浮雕描述出来，构成了大厦带状缘饰的一部分。如果在他们之中，日神作为个别之神站在其他神的旁边，并不要求坐第一把交椅，我们是不会因此而感到迷惑的。总之，可以在日神那里感受到的那种本能产生了整个奥林匹斯世界，从这个意义上说，日神对我们来说就是奥林匹斯之父。一个如此光彩照人的奥林匹斯诸神社会借以产生的非凡需求是怎样的需求呢？

谁心中怀着另一种宗教走近奥林匹斯山，在那里寻求道德的高尚，甚至圣洁，寻求无肉体的超凡脱俗，寻求仁义之爱的目光，他就一定会懊恼丧气，很快转过身去。这里没有什么东西使人想起苦行、智慧和义务，这里只有一种旺盛甚至洋洋得意的存在向我们说话，在这种存在中，一切现存之物都被神化，无论善恶均一视同仁。于是观看者站在这神奇的生命活力面前震惊不已地自问，这些忘乎所以的人喝了什么样的魔汤，才能如此享受人生，以至于他们目光所到之处，海伦，这个“在甜蜜的肉欲中漂浮的”形象，这个他们固有存在的理想形象，无处不在地冲着他们微笑。但是我们必须对这位转身离去的观看者喊道：别离开那里，先听一听希腊民间智慧关于这以无法言传的欢快展现在你面前的生命究竟说了些什么。据说，国王米达斯[①]在树林里长时间地追捕酒神的陪伴，智慧的**西勒诺斯**，却没有抓到他。当他终于落到国王手里的时候，国王问他：对人来说，最好、最出色的东西是什么？那伴神直挺挺地一动不动，什么也不说；直到最后，在国王的威逼下，他尖声大笑着说出这样一番话来：“可怜的蜉蝣族啊，无常与苦难所生的孩子，你逼我说出你最好不要听到的话吗？最好的东西对你来说是根本达不到的，即不出生、不**存在**，处于**虚无**状态。不过对你来说还有次好的东西——马上就死。”

奥林匹斯诸神世界和这民间智慧的关系是怎样的呢？就像受拷问的殉道者所怀的心醉神迷的幻影和他的痛苦之间的关系一样。

现在，奥林匹斯魔山似乎向我们开放了，让我们看到它

---

① 希腊神话传说中的佛律癸亚国王，他所抓的西勒诺斯是酒神的伴神。

的根源。希腊人知道并感觉到生存的恐怖与可怕：为了真正能够活着，他不得不用这光辉的奥林匹斯诸神在梦中的诞生来遮挡掉这样的恐怖与可怕。那种对巨大自然力量的莫大怀疑，那位无情地凌驾于一切知识之上的命运女神，那只折磨人类伟大朋友普罗米修斯的兀鹰，智慧的俄狄浦斯的那种可怕命运，迫使俄瑞斯忒斯弑母的那种阿特柔斯家族的厄运，总之，林中之神[①]那全部的哲学，及其所举的关于伤感的伊特鲁利亚[②]人因此而毁灭的神话例子——在希腊人那里都被奥林匹斯山的那个艺术**中间世界**不断重新加以克服，至少加以掩盖，避而不见。为了能够活着，希腊人实在是不得不创造这些神祇，其过程我们不妨这样来设想，从最初提坦诸神的恐怖神系，通过日神的美之本能，经缓慢过渡而发展成为奥林匹斯的快乐神系：就像玫瑰从有刺的灌木中绽开一样。这样一个如此敏感、有如此强烈追求、遭受这无与伦比的**痛苦**的民族，如果生存不是由更高的灵光所萦绕，在其诸神中向他们展示出来，那么他们有什么别的方法忍受它呢？将艺术召唤到生命中的这一种本能，作为对生存的补充和完成，诱惑人继续生活下去，它也同样让奥林匹斯世界产生出来，在这世界里，希腊人的“意志”拿一面使人容光焕发的镜子举在自己面前。诸神就是这样通过自己体验人的生活而为人的生活辩护的——唯有这才是够格的神正论！在这些

---

① 指西勒诺斯。

② 意大利中西部古国。

神祇的明媚阳光普照下，生存被感觉为本来就值得追求的东西，而荷马式的人的真正**痛苦**在于和生存相分离，尤其是即将到来的分离，以致人们现在可以颠倒西勒诺斯的智慧，并如此议论荷马式的人："对他们来说，最坏的东西是马上就死，次坏的东西是迟早要死。"一旦发出这样的悲叹，那么它听起来又是针对短命的阿喀琉斯，针对人类像树叶一般的世代更替变化，针对英雄时代的没落而发。渴望活下去，甚至活一天算一天，这对于最伟大的英雄来说也不算有失体面。在日神阶段，"意志"如此强烈地要求这种生存，荷马式的人感觉自己和它如此融为一体，以至于这种悲叹甚至变成了对它的颂歌。

这里必须指出的是，后人如此倾慕地观察到的那种和谐，即席勒用"素朴"这一术语加以说明的人和自然的统一，它绝不是一种如此简单的、自发产生的、似乎无法避免的状态，好像我们在每一种文化的大门口都**必然**会碰上它这样的人间天堂一样。只有一个时代会相信它，这个时代试图把卢梭的爱弥儿也想象为艺术家，误以为在荷马身上也发现了这样一个在自然的中心受教育的艺术家爱弥儿。我们凡在艺术中遇到"素朴"，就应该清楚地看到日神文化的最高效果：它必然要首先推翻一个提坦王国，杀死凶猛者，凭借强有力的装疯卖傻和快乐的幻觉，成为超越对世界的可怕深思和敏感的痛苦感受能力的胜利者。但是，那样的素朴，那种完全沉浸在外观美中，是多么难以达到啊！因此荷马的崇高也是多么无法用言辞表达啊！他作为个人同那种日神式大众文化的关系，就像个别的梦的艺术家同大众的乃至自然的梦幻能力的关系一样。荷马的“素朴”只能理解为日神幻觉的完全胜利，正是这样一种幻觉，自然如此经常地借用它来达到自己的意图。真实的目的被一种幻象所掩盖，我们朝幻象伸出手去，而自然就以我们的受骗上当来达到目的。在希腊人身上，“意志”要通过天才与艺术世界的神化静观自身；为了自我颂扬，“意志”的产物必然感觉自己值得颂扬，必然不用这个静观中的完美世界产生强制命令或谴责的效果，就在一个更高境界里重新见到自己。这就是美的境界，那些产物在其中见到了自己的镜中映像——奥林匹斯诸神。希腊人的“意志”就用这美的折射来反对那种与痛苦和痛苦的智慧相关的艺术才能；而素朴艺术家荷马则作为它的胜利的纪念碑矗立在我们面前。

四

关于这位素朴艺术家，梦的类比可以给我们一些指教。如果我们想象一下做梦者如何处于梦中世界的幻觉当中，为了不扰好梦，自己喊道："这是一个梦，我且梦下去"，如果我们必然由此推断出观看梦境具有一种深沉的内在乐趣，如果另一方面我们为了能够带着这种观看梦境的内在乐趣去做梦而必然完全忘记白天及其可怕的纠缠，那么我们也许可以在释梦的日神的指引下，用以下方法对所有这一切现象做出解释。无疑在生活的两半，即醒的一半和梦的一半中，前者在我们看来，要远为可取、重要、有价值、值得体验，甚至是唯一体验过的生活；然而我要断言，尽管看起来完全是一个悖论，可是就我们本质的那种神秘基础（我们只是其现象）而言，对于梦恰好反而应该给予尊重。因为我越是在自然中察觉到那种最强大的艺术本能，并在那种本能中察觉到一种对于外观、对于通过外观而得到拯救的炽烈渴望，我就越感到自己向往这样的形而上假设：真实存在和太一[①]，作为永恒的受苦者和矛盾的集合体，同时也需要令人陶醉的幻象，需要快乐的外观，以求不断得到拯救。对完全囿于其中并由其构成的我们来说，这种外观不得不被感觉成真正的非存在，即一种在时间、空间和因果关系中的持续生成，换句话说，是一种经验的现实。我们暂且不谈我们自己的“现实”，暂且把我们的经验生存如同一般意义上的世界存在一样，看成一种每时每刻都在产生出来的太一的表象，那么我们就不得不把梦看作**外观的外观**，从而看作对外观的原始欲望的一种更高满足。鉴于同一理由，自然最内在的核心对素朴艺术家和同样是“外观的外观”的素朴艺术作品拥有那种无法描述的兴趣。**拉斐尔**[②]，那些不朽的“素朴者”之一，在一幅带比喻性质的绘画中给我们描绘了那种装门面的外表的削弱过程，即素朴艺术家的，同时也是日神文化的原始过程。在他的《基督变容图》中，下半部分用那个迷乱的男孩，那些绝望的脚夫，那些不知所措的信徒，向我们展示了永恒原始痛苦、世界唯一基础的反映。“外观”在这里便是永

---

① 太一的德文原文是das Ur-Eine，含有“原始之一”的意思，和中国哲学术语“太一”的意思相近，也就是老子所说的“道生一，一生二”中的“道”。这里译成“太一”，既保留原文意思，又能和中国哲学概念相通。

② 拉斐尔（1483—1520），文艺复兴时期意大利最著名的艺术家之一。《基督变容图》又译《基督显圣》，是拉斐尔应红衣主教朱利奥·美第奇邀请为法国纳博纳教堂绘制的祭坛画，也是拉斐尔临终前的最后一幅杰作，内容取材于《新约》中的几部福音书：耶稣带着彼得、雅各和约翰暗暗地上了高山，突然间就在他们的面前变了形象。

恒矛盾这万物之父的映像。从这外观升起一个幻影般的新外观世界，犹如一股仙境般的芬芳，那些囿于第一层外观的人看不见其中的任何东西——这是一种神采奕奕的飘荡，飘荡在纯净的幸福中，飘荡在毫无痛苦地睁大眼睛使劲看的观望中。这里我们在最高的艺术象征中看到了日神的那种美的世界及其基础，即西勒诺斯的可怕智慧，并且凭直觉领悟了它们相互间的必然性。但是日神再次作为个体化原理的神圣体现向我们迎来，被永远实现的太一目标，即通过外观而获得它的解脱，只有在日神那里才产生。他以庄严的神情告诉我们，整个痛苦的世界是何等必要，个人通过它，被推动着产生了解脱的幻影，然后，陷入对这幻影的观望，在大海中安坐于他那颠簸的小舟上。

这种个体化的神圣体现，如果一般被认为带有强制性并制定规则，那它便只知道一个法则，即个体，也就是说，遵守个体的界限，即希腊人所理解的**适度**。日神作为伦理之神，要求他的下属适度，并且为了能遵守适度而要有自知之明。于是，除了美的审美必然性以外，又提出了“认识你自己”和“勿过度”的要求，同时，自高自大和过度被认为是非日神领域中原本就怀有敌意的恶魔，因而被视为前日神时代、提坦时代和日神外世界即野蛮人世界的特征。普罗米修斯由于他对人类的提坦式的爱，不得不每天遭兀鹰的撕啄；俄狄浦斯因为过于聪明，解开了斯芬克司之谜，不得不陷入纷乱的罪恶旋涡：德尔斐之神如此解释希腊的过去。

在日神式的希腊人看来，引起**酒神倾向**的那种效果也是

"提坦式的"和"野蛮人式的";同时他无法对自己隐瞒,他本身也同那些被推翻的提坦诸神和英雄有着内在的亲缘关系。是的,他甚至还感觉到他的全部生存加上所有的美和适度,都建立在一个痛苦和知识的隐蔽基础上,这个基础再次由酒神倾向向他揭示出来。瞧!日神不能离开酒神而生存!"提坦"倾向和"野蛮人"倾向最终竟和日神倾向一样,同是一种必然!现在我们设想一下,酒神节的狂欢声如何以越来越诱人的魔法传入这个建立在外观和适度基础上、受到人为限制的世界里,自然的全部过度的欢乐、痛苦、知识直至刺耳的尖叫如何在那种魔法中被揭示出来;我们设想一下,在幽灵般的竖琴声中唱着赞美诗的日神艺术家面对这着了魔的大众歌唱可能会意味着什么!"外观"艺术的缪斯们在一种醉说真理的艺术面前黯然失色,西勒诺斯的智慧朝着这位奥林匹斯之神喊道:"哀哉!哀哉!"在这里,个体带着他全部的界限和适度湮没在酒神状态的忘我之中,忘记了日神的章法。**过度**显示为真理,矛盾——生于痛苦的极乐,从自然的心底里诉说自我。于是,在酒神倾向所及的地方,日神倾向到处遭到抵消和毁灭。但是同样肯定的是,在第一次进攻被顶住的地方,德尔斐之神的模样和威严表现得比任何时候都更加顽强,更带有威胁性。因为我能够宣布,**多利斯**国家和多利斯艺术在我看来只不过是日神倾向不断建立的军营:只有在一种对酒神倾向的提坦式—野蛮人式本性的不断反抗中,一种如此顽固而难于处理的、被堡垒团团围住的艺术,一种适应战争需要的、难以忍受的教育,一种如此残酷无情的国家制度，才能更为持久。

到此刻为止，我在本文开头发表的看法已得到了较为广泛的阐明，即酒神倾向和日神倾向如何在彼此紧随的不断新生中相得益彰地支配了希腊人的存在；荷马世界如何在日神的美之本能支配下，从“青铜”时代及其提坦神之争和苦涩的大众哲学中发展出来，这“素朴”的壮美如何再次为突如其来的酒神倾向之洪流所吞噬，日神倾向如何面对这新生力量升华为多利斯艺术和多利斯世界观的刚性威严。如果早期古希腊历史按这种方式在那两个敌对原则的斗争中分成四大艺术阶段，那么，万一最后到达的阶段，即多利斯艺术的阶段，根本没有被我们看作那种艺术本能的顶点与目的，我们现在就不得不进一步询问一下这种生成与发展的最终图景：在这里，**雅典悲剧**和戏剧酒神颂歌那崇高而受到高度赞扬的艺术作品，作为两种本能的共同目标出现在我们眼前，这两种本能的神秘的联姻纽带在上述长期斗争之后体现在一个这样的孩子身上——这孩子既是安提戈涅，又是卡桑德拉。

五

我们的探讨现在接近真正的目标了。这一探讨致力于认识酒神—日神式的天才及其艺术作品，至少感悟那种协调的奥秘。在这里，我们首先要问，那在后来发展成为悲剧和戏剧酒神颂的新芽，在希腊人的世界里最初是在哪里引起人们注意的？关于这一点，古代文化将**荷马**和**阿尔基洛科斯**作为希腊诗歌的始祖和引导者并列在雕塑作品、宝石作品等上面，本身就形象地向我们做出说明，让人可信地感到，似乎只有这两个完全具有同样创造天性的人应该被认为有一股火流不断从他们那里流出来，注入到希腊的千秋后世中。荷马，这位自我陶醉的年迈梦者，日神式素朴艺术家的典型，现在似乎在惊愕地望着阿尔基洛科斯的狂热脑袋，这位好斗的缪斯仆人受到生存的疯狂驱使：近代的美学只会解释性地补充一句说，在这里同“客观”艺术家对立的是第一位“主观”艺术家。这种解释对我们毫无用处，因为我们只是把主观艺术家当作糟糕的艺术家来认识的，在每个艺术种类和艺术高度上，首先要求战胜主观，从“自我”中得到解脱，让任何个人意志和个人欲望保持沉默，甚至没有客观性，没有纯粹超然的观察，就绝不能相信存在哪怕是最起码的真正的艺术创作。因此，我们的美学必须首先解决“抒情诗人”如何才可能是艺术家的问题：他，在经历了所有的时代之后，还总是在诉说“自我”，没完没了地在我们面前完全用半音音阶[①]吟唱他的激情和渴望。正是这位阿尔基洛科斯，在荷马旁边，用他仇恨与嘲讽的喊叫，用他陶醉的欲望的爆发，使我们惊恐不已；他，这第一位所谓的主观艺术家，岂不因此而是真正的非艺术家吗？但是，恰恰又是德尔斐的神谕，这客观艺术的源头，用奇妙的格言给予他——这位诗人——以尊敬，这是怎么回事呢？

席勒曾用一种他自己也不清楚的，但无疑闪烁着光芒的心理观察，就他的创作过程向我们作了说明；就是说他承认，创作行为以前，与其说是眼前和心中已经有了一系列带有思维条理之因果关系的形象作为准备状态，不如说有一种**音乐情绪**（“感觉在我这里一开始并无确定而清晰的对象；对象是后来才形成的。先是某一种音乐情绪，随后在我这里才有了诗的意念。”[②]）。如果现在我们再加上整个古代抒情诗最重要的现象，即到处都被视为**抒情诗人**与**音乐家**理所当然的结合甚至一致——与此相比，我们后世的抒情诗显得就好像

① 指古希腊音乐三种四音音列之一。

② 席勒1796年3月18日致歌德的信。

是一个无头神像——那么我们就能根据我们原先描绘过的审美形而上学，用以下方法来说明抒情诗人了。他首先作为酒神艺术家，完全和太一及其痛苦和矛盾融为一体，产生这太一的摹本即音乐，要不然称之为世界的重演或重铸也有道理；但是现在这音乐在日神的梦幻效应之下，又变得能令他看得见了，就像在一个**比喻性的梦中形象**里一样。原始痛苦在音乐中的那种无形象、无概念的折射，以及它在外观中的解脱，现在产生了一个第二映像，作为个别的比喻或例证。艺术家在酒神过程中已经放弃了他的主观性：现在将他和世界中心的统一展示给他看的那个形象，是一个把那种原始矛盾、原始痛苦以及外观的原始快乐感官化的梦境。抒情诗人的“自我”是从存在的深渊传出其声音的：他的“主观性”从近代美学家的意义上讲，是一种幻觉。如果说，希腊人的第一位抒情诗人阿尔基洛科斯向吕甘伯斯的女儿们[①]表达了疯狂的爱，同时也表达了他的鄙视，那么，在我们面前忘乎所以地狂舞的不是他的激情。我们看见了酒神和女祭司们，看见了醉酒的寻欢作乐者阿尔基洛科斯倒地睡去——如同欧里庇得斯在《酒神的伴侣》[②]中向我们描写的他：在中午的阳光下，睡在高高的阿尔卑斯山的草地上——现在日神走到他跟前，用月桂枝轻轻地触他。睡眠者的酒神—音乐之魔力似乎

① 吕甘伯斯是古希腊帕罗斯岛上的居民，曾答应把女儿嫁给阿尔基洛科斯，后又拒绝，阿尔基洛科斯很生气，写诗表达他的愤怒。

② 欧里庇得斯死后才演出的一部悲剧，获得头奖。

在向周围喷发形象的火花，这就是抒情诗，它的最高发展形式叫做悲剧或戏剧酒神颂。

雕塑家，同时还有与之相近的史诗诗人，都沉浸在对形象的纯粹观望之中。酒神音乐家完全没有形象，本身只是原始痛苦及其原始回响。抒情诗天才感到，从神秘的自弃状态和统一状态中发展出一个形象与比喻的世界，这个世界和那个雕塑家与史诗诗人的世界相比，具有完全不同的色彩、因果关系和速度。雕塑家与史诗诗人在这些形象中，而且只是在这些形象中愉快舒服地生活，不倦地观望它们，充满爱意，不放过最小的特征；对他们来说，发怒的阿喀琉斯的形象只是一个形象，他们怀着对外观的那种梦的渴望，欣赏他发怒的表情——因而，他们靠着这面外观的镜子，防止同他们的思想合为一体，融合在一起。与此相反，抒情诗人的形象只是**他**自己，可以说，只是他自己的各种形式的客观化，因此他可以作为那个世界的运动中心点说“我”；只是这个我和那个清醒的经验—现实之人的我不是一回事，而是唯一的、完全真实存在的、永恒的、植根于万物基础中的我，抒情诗天才通过这个我的种种摹本，一直看透了万物的基础。现在让我们想象一下，他是如何在这些摹本中把**自己**看作非天才，即看作他的“主体”的，也就是那整个一大堆乱七八糟的主观激情和意志冲动，针对某一个他自认为真实的事物；如果现在看上去抒情诗天才和同他有关的非天才好像是一致的，好像前者用“我”这个卑微字眼来谈论自己，那么，这种外观就再也不能诱惑我们了，尽管它曾诱惑过那些把抒情诗人看作主观诗人的人。实际上，阿尔基洛科斯，这个燃烧着爱与恨的激情的人，只是一个天才的幻影，这个天才已不再是阿尔基洛科斯，而是世界天才，他借阿尔基洛科斯其人的比喻，象征性地说出了他的原始痛苦，而那个有主观意愿和渴望的阿尔基洛科斯根本不可能，也永远不可能是诗人。但是，抒情诗人完全没有必要只是把自己面前的阿尔基洛科斯其人的现象看作永恒存在的映像；悲剧证明，抒情诗人的幻象世界离那理所当然首先便存在的现象能有多远。

叔本华不对自己隐瞒抒情诗人给哲学的艺术思考造成的困难，一方面他相信已经找到了一条与我无缘的出路；另一方面只有在他那深刻的音乐形而上学里，他才被赋予决定性地克服那种困难的手段：就像我相信在本书中按他的精神，也为了表示对他的尊敬所做的这一切一样。与此形成对照的是，他对歌的固有本质有以下看法（《作为意志和表象的世界》，第一卷，第295页）："充斥歌者意识的是意志的主体，即自己的愿望，它经常是一种得到解脱、得到满足的愿望（快乐），但是更经常是一种受阻的愿望（悲哀），而一贯的则是内心冲动、激情、激动的心境。然而，伴随着这种心境，同时也因此，歌者通过瞥见周围的自然而意识到他是无意志的纯粹认识的主体，这种认识牢不可破的、天国般的宁静从此以后就同始终受限制且总是很可怜的愿望的躁动形成对照：这种对照感、交替作用感原本就是歌的整体所表现的东西，是一般地构成抒情状态的东西。在这种状态中，纯粹认识仿佛朝我们走来，要把我们从愿望及其躁动中拯救出来：我们俯首从命；但只是在转瞬之间，愿望，那种对我们个人目的的记忆，总是重新把我们从宁静的观察中拽开；不过，无意志的纯粹认识在其中向我们显现的近在咫尺的优美环境也总是一再诱使我们脱离愿望。因此，在歌和抒情情绪中，愿望（对目的的个人兴趣）和对显现的环境的纯粹观望奇特地混合起来：我们要对两者之间的关系加以探究和想象；主观情绪，意志的情感，将自己的色彩传给被观望的环境，反过来环境又把它的反射中的色彩传给主观情绪和意志的情感。真正的歌就是这整个如此混合又如此不一致的心境的重复。"[①]

在这段描述中，谁还能看不出来，抒情诗在这里被说成成就不全面、似乎起伏不定、很少达到目标的艺术。甚至是一种半艺术，其**本质**在于愿望和纯粹观望，即审美状态和非审美状态的奇妙混合。我们宁可主张，叔本华依然当作价值尺度来划分艺术的那种对立，即主观艺术和客观艺术的对立，在美学中是根本不适合的，因为主体，即有愿望并促进自己利己意图的个人，只能被看作艺术的敌人，而不能看作艺术的源泉。但是，只要主体是艺术家，他就必然已经摆脱了个人意志，似乎变成了中介，通过这一中介，一个好像真的似的主体在外观中庆祝他得到解脱。因为我们在进行贬褒时，必须特别清楚这一点：整个艺术喜剧根本不是为我们，比如说为改善和教育我们而演出的；而且我们也同样不是这个艺术世界的真正创造者，我们大概倒是可以这样来假定自己，

① 《作为意志和表象的世界》，中文版第346—347页。

认为我们对于那个世界的真正创造者来说，已经是形象和艺术投影了，在艺术作品的意义中有着我们最高的尊严——因为只有作为**审美现象**，生存和世界才是永远**有充分理由的**——而我们对于我们的这种意义所具有的意识，和画在画布上的武士对于画布上所描绘的战役所具有的意识没有什么两样。所以，我们的全部艺术知识从根本上讲是一种完全虚幻的知识，因为我们作为认知者和作为那种艺术喜剧的唯一创作者与观众，而为自己带来永久享受的那种本质并非同一体，是不相一致的。只有当天才在艺术创作行为中同那世界原始艺术家相融合，他才知道一点艺术永恒本质的事情；因为在那种状态中，他奇妙地等同于那能转动眼睛观察自己的令人毛骨悚然的童话形象；现在他既是主体，又是客体；既是诗人，又是演员和观众。

六

关于阿尔基洛科斯，学术研究发现，他把**民歌**引进了文学；由于这一事迹，他在希腊人的普遍敬重中适合于得到仅次于荷马的唯一地位。然而，同完全日神式的史诗相对立的民歌是什么呢？除了是日神倾向与酒神倾向相结合的永久痕迹（perpetuum vestigium）还能是什么呢？它跨越所有民族、在不断新生中日益强化的惊人传播，对于我们来说是一个明证，证明自然的双重艺术本能有多么强烈：这种本能以类似于一个民族的放纵举动在该民族的音乐里恒久如故的方式，在民歌中留下了自己的痕迹。它甚至也是在历史上可以证明的，凡是民歌丰富而多产的任何时期，便都受到酒神潮流最强烈的激发，这种潮流，我们必须始终把它看作民歌的基础和前提。

然而，民歌在我们看来，首先是世界的音乐之镜，是原始的旋律，这旋律现在为自己寻找着平行的梦幻现象，在诗中将它表达出来。**因此，旋律是第一位的、普遍的东西**，因而这种东西自身也能在多种文本中被多样性地具体化。按照民众的素朴评价，它甚至是远为重要和必然的东西。旋律从自身中产生诗，而且一再重新产生诗。**民歌的诗节形式**要对我们说的不过是这一点：我一直惊异地观察这种现象，直到我最终找到了这一解释。谁用这个理论来看待民歌集，例如《儿童的神奇号角》[①]，他就将找到无数例子，表明不断产生的旋律如何在自己周围迸发出形象的火花：它们色彩斑斓、陡然突变，甚至滚滚而来，显示出一种对于史诗的假象及其平静的流逝来说完全陌生的力量。从史诗的立场看，抒情诗的这个不均衡、不合乎常规的形象世界简直该受批判：泰尔潘得罗斯[②]时代日神节时那些庄严的史诗吟诵者无疑就做出了这样的批判。

于是，在民歌的诗文中，我们看到语言竭尽全力地**模仿音乐**，因此，阿尔基洛科斯开始了一个诗的新世界，它根本对立于荷马的世界。我们以此表明诗与音乐、词与声音之间唯一有可能的关系：词、形象、概念寻求一种类似于音乐的表达方式，现在自己听命于音乐的威力。在这个意义上，我们可以在希腊民族的语言史上区分出两个主要潮流，区分的依据是看语言究竟是模仿现象世界和形象世界，还是模仿音乐世界。你只要更深入地思考一下荷马和品达在语言上的色

---

① 德国作家阿尔尼姆（1781—1831）和布伦坦诺（1778—1842）编辑出版的民歌集。

② 泰尔潘得罗斯（活动时间约在公元前7世纪），希腊爱琴海莱斯沃斯的诗人和音乐家。

彩差别、句法结构差别、词汇差别，你就会理解这一对立的意义；你甚至会因此而十分清楚：在荷马和品达之间，必然响起过**奥林匹斯的放纵笛声**，这笛声在亚里士多德时代，在一种不断发扬光大的音乐中间，仍使人如痴如醉地激昂，无疑以其原始效果激发当时人们的一切诗歌表达方式去模仿它。在这里，我提醒一下我们时代一种我们的美学似乎认为要不得的熟悉现象。我们一再看到，贝多芬的一首交响乐如何迫使个别观众以形象来说话，尽管由一段乐曲产生的种种形象世界的组合看起来实在是极其五花八门，甚至是互相矛盾的：在这种组合上练习他们可怜的理解力，却忽视了真正值得解释的现象，这倒恰恰像是那种美学的风格。甚至当这位作曲家用形象谈论一首乐曲，例如把一部交响乐称作《田园交响曲》，把一段乐章叫作“溪边小景”，把另一乐章称作“村民欢会”的时候，那也同样只是比喻式的、由音乐产生的想象——而绝不是音乐的模仿对象——这些想象从任何方面看都不可能教会我们懂得音乐的**酒神**内容，而且和别的形象在一起，它们也没有什么特别的价值。我们现在不得不把这个音乐在形象中的宣泄过程转移到一个朝气蓬勃、富有语言创造力的人群那里，以便了解诗节式的民歌是如何产生的，以及整个语言能力是如何被对音乐的模仿这一新原则激发起来的。

如果我们因而可以把抒情诗看作音乐以形象和概念发出的模仿亮光，那么我们现在就能够追问：“音乐在形象和概念之镜中是作为什么而**出现**的呢？”**它作为意志**，即叔本华所理解的意志，也就是作为纯观望的无意志审美情绪的对立面**而出现**。在这里，人们或许要尽可能明确地对本质概念和现象概念加以区分：音乐按照其本质终究不可能是意志，因为它若是意志的话，便会被完全驱逐出艺术领域——因为意志是那种本身并不属于审美领域的东西；然而，它作为意志而出现。这是因为，为了表达音乐以形象而出现的现象，抒情诗人需要所有的激情振奋，从倾慕的低声细语到疯狂的暴跳如雷；在这种用日神比喻来谈论音乐的本能之下，他把整个自然连同他在自然中的自身仅仅理解为永恒的意欲者、渴求者、热望者。但是，就他用形象来解释音乐而言，他自己便是休养生息于日神式观望的风平浪静的宁静海面上，一切都如此宁静，而他通过音乐媒介观看到的一切竟然在他周围处于如此急切而紧迫的运动之中。甚至当他通过这同样的媒介看到自己时，他自己的形象在他面前也显现在一种不满足的感情状态中：他自己的意愿和渴求、呻吟和欢呼对他来说都是他用以向自己解释音乐的一种比喻。这就是抒情诗人现象：作为日神式的天才，他通过意志的形象来解释音乐，而他自己却完全摆脱了意志的贪得无厌，是纯粹清澈的日之眼。

这整个探讨坚持这样的看法，即抒情诗依赖于音乐精神的程度，就像音乐本身处于完全的无限之中，不**需要**形象和概念，而只是**容忍**它们在自己身边一样。音乐中尚未有那种迫使抒情诗人以形象来说话的最高普遍性和最高普遍有效性的东西，抒情诗人的诗是无法说出来的。音乐的世界象征意义之所以无法用语言来全面企及，是因为它象征性地涉及太一中心的原始矛盾和原始痛苦，从而将一种超越一切现象和先于一切现象的境界象征化了。与之相比，更应该说每种现象都只是比喻。因此，**语言**作为现象的器官和象征，绝不可能把音乐至深的内在世界亮到外边来，当它一参与对音乐的模仿时，它就始终只是停留在同音乐的一种表面接触中，而音乐的至深意义，尽管有抒情的口若悬河，却不能让我们靠近一步。

七

我们现在不得不求助于以上讨论的全部艺术原理，以便在我们不得不称之为**希腊悲剧起源**的这一迷宫中找到方向。如果我说这个起源问题至今还根本没有认真提出来过，更不用说解决了的话，我也并不认为我是在做什么荒谬的断言。甚至古代传说四处飘散的碎片也如此经常地被缝合在一起，又被重新拆散。这些传说十分坚定地告诉我们，悲剧产生于悲剧歌队，而原先只是歌队，仅此而已。由此，我们有责任看清作为真正原始戏剧的这种悲剧歌队的核心，不让自己以某种方式满足于流行的艺术论方法，即说歌队是理想的观众，或者说它得代表平民，处于舞台上王公贵族区域的对立面。让有些政治家听起来觉得很崇高的那后一种解释的想法——好像民主雅典人的永恒道德法则体现在平民歌队里一样，歌队凌驾于国王们的激情放纵与过度行为之上，总是有理——很可以用亚里士多德的一句话来做出提示，即因为平民和王公之间的完全对立，歌队对悲剧的原始形成没有影响，总之，任何政治社会领域，都已经从那种纯宗教的起源中被排除在外了；可是，考虑到我们很熟悉的埃斯库罗斯、索福克勒斯之歌队的古典形式，我们也可以把在这里谈论一种“立宪人民代议制”的预感看作亵渎。别的人不害怕这样的亵渎。古代的国家宪法实际上不了解一种立宪人民代议制，但愿也不会在其悲剧中“预感”到这样的代议制。

比这种关于歌队的政治解释著名得多的是奥·威·施莱格尔[①]的思想，他推荐我们在某种程度上将歌队视为观众群体的完美体现和精华，视为“理想观众”。这种观点和认为悲剧原先只是歌队的历史传说结合在一起，表明了它实际上就是一种粗略的、非学术性的然而闪光的看法，然而它只有通过集中的表达形式，通过对一切所谓“理想”的东西的真正日耳曼式的偏见，通过我们一时的惊讶来保持这种闪光。因为我们一旦将我们很熟悉的戏剧观众同那歌队进行比较，我们一旦问自己是否有可能把这种观众理想化为类似于悲剧歌队的某种东西，我们就会惊讶。我们默默地否认了这一点，现在则对施莱格尔主张的大胆，就如对希腊观众完全不同的天性一样，感到惊奇起来。因为我们总是认为，真正的观众，无论他们是谁或想要什么，总是不得不始终意识到，自己面对着一部艺术作品，而不是一个经验现实，而希腊人的悲剧歌队则必须承认舞台上的形象是实实在在的存在。扮

① 奥·威·施莱格尔（1767—1845），德国文学批评家、语言学家、翻译家。

演俄刻阿尼得们[①]的歌队真的相信在自己眼前看见了提坦神普罗米修斯，并把自己看成和舞台上的那位神一样真实。像俄刻阿尼得们那样把普罗米修斯看成伸手可及的实实在在的现实存在的，应该就是最高、最纯粹类型的观众吗？跑到舞台上，把这位神从他所受的酷刑中解救出来，这就是理想观众的标志吗？我们曾相信一种审美观众，个别的观众越是能够把艺术作品看成艺术，也就是说，越是能审美地看待它，他就被认为越有能力；而现在，施莱格尔的说法却向我们暗示，完美的理想观众根本不是让舞台上的世界审美地作用于自己，而是让它实实在在地、经验地对自己产生影响。哦，这些希腊人怎么回事！我们叹息地说；他们推翻了我们的美学！可是，一旦习惯于这一点，只要谈起歌队，我们就会重复施莱格尔的箴言。

然而，那种如此明确的传说却在这里同施莱格尔作对：没有舞台的歌队本身，即悲剧的原始形式，和那种理想观众的歌队是互不相容的。从观众概念引申出来的、“自在的观众”不得不充当其真正形式的东西，是什么样的一种艺术类型啊！无戏剧的观众是一个不合情理的概念。恐怕悲剧的诞生既不应该解释为源于对大众道德理解力的高度重视，也不应该解释为源于无戏剧观众的概念，我们认为这个问题太深奥，哪怕被这样肤浅的思考方法触及一下都不可能。

---

① 大洋女神，希腊神话中海神波塞冬以前的海洋之神俄刻阿诺斯和提坦神蒂锡斯所生的女儿，有三千个之多。

席勒已经在《麦西拿的新娘》[①]的著名前言中就歌队的意义流露出具有无限价值的洞见，他把歌队视为一堵活的大墙，悲剧将其围在自己周围，为的是把自己同现实世界真正隔绝开来，捍卫自己的理想境界和诗的自由。

席勒以他的这种主要武器，同平庸的自然观念，同戏剧诗中一般所要求的错觉做斗争。席勒认为，尽管舞台上展现的时日只是人为的时间，建筑物只是一种象征性的建筑物，富于韵律的语言带有一种理想的特点，然而总体来说，谬见仍始终占统治地位：把作为整个诗之本质的东西只是当作一种诗的自由来容忍，这是不够的。他还认为，歌队的引入是决定性的一步，用以光明磊落地向艺术中的任何自然主义宣战。在我看来，正是针对这样一种思考方法，我们这个自以为很优越的时代使用了"假理想主义"这一轻蔑的时髦用语。恐怕相比之下，以我们现在对自然世界与现实世界的尊重，我们处于一切自然主义的对立面上，也就是在蜡像馆的境地内。甚至在蜡像馆内，也有一种艺术，就如现在某些流行小说的情况那样，只是不要拿这样的期待来折磨我们，即认为以这样的艺术，席勒—歌德式的"假理想主义"就被克服了。

然而，这是一个"理想"境界，按照席勒的正确洞见，希

① 席勒模仿希腊悲剧而写的一部悲剧，背景是10世纪诺曼人统治下的西西里岛的麦西拿。席勒在为该剧写的序言《论悲剧中歌队的运用》讨论了悲剧中的歌队问题。

腊的萨提尔歌队，即原始悲剧的歌队，通常就漫游于这个境界，一个凌驾于凡人的现实漫游之路上空的境界。希腊人为这种歌队建造了一个虚构**自然状态**的空中楼阁，又将虚构的**自然生灵**置于其中。悲剧在这样的基础之上成长起来，却因此而从一开始就免除了一种对现实的痛苦临摹。然而，这并不是在天地之间任意想象出来的世界；更应该说，这是一个具有现实性和可信度的世界，就像奥林匹斯山及其居住者对于深信不疑的希腊人来说所拥有的那种现实性和可信度一样。萨提尔作为酒神歌队成员生活在一种神话与文化领域认可之下的、在宗教上得到承认的现实之中。悲剧始于他，悲剧的酒神智慧出自他之口，是一个令人惊讶的现象，对我们这里的人来说，有如悲剧一般而言产生于歌队一样令人惊讶。如果我提出这样的看法，认为萨提尔这个虚构的自然生灵之于文明人和酒神音乐之于文明是一样的关系，那我们也许就有了思考的出发点。关于文明，理查德·瓦格纳说，它在音乐面前黯然失色，就像灯光在日光中黯然失色一样。我相信，希腊的文明人也同样感觉自己在萨提尔歌队面前黯然失色了，这是酒神悲剧最直接的效果，即国家与社会。总之，人与人之间的鸿沟，屈服于一种回归自然之心的超强统一感。立足于万物的生命，尽管现象上千变万化，却是坚不可摧地强大、快活，这种形而上的慰藉——正如我在本文中已经表明的那样，任何一部真正的悲剧都会给我们留下这样的慰藉——是作为萨提尔歌队，作为自然生灵的歌队，有血有肉地明确显现。那些自然生灵几乎在所有文明背后不可灭绝地生活着，尽管世代更替和各民族历史千变万化，他们却永远依然如故。

深思熟虑而且唯一能承受最沉重的切肤之痛的希腊人靠这样的歌队来自我安慰，他们以犀利的目光直视所谓世界史的可怕毁灭行为，就像直面自然的残酷一样，并且险些寻求佛教徒式的意志之否定。艺术拯救了希腊人，而通过艺术为自己拯救了希腊人的则是——生命。

因为，酒神状态的陶醉以其对生存的通常限制和通常界限的消除，在其持续过程中包含了一种**冷漠的**成分，所有过去的亲身经历都沉浸于这种成分中。于是，日常现实世界和酒神现实世界便在相互之间被这条忘川割裂开来。可是，一旦那种日常现实重新进入意识，它作为这样的现实就会让人感到恶心；那种状态的结果就是一种禁欲的、否定意志的心境。在这个意义上，酒神之人同哈姆雷特很相似：二者都真正瞥见了万物的本质，他们**看透**了，行动令他们厌恶；因为他们的行动一点也改变不了永恒的万物本质。他们感觉苛求他们重整颠倒混乱的乾坤是很可笑的或者很可耻的。认识扼杀行动，行动则包含了让错觉给你蒙上面纱——这便是哈姆雷特的教训，不是梦幻者的廉价智慧，梦幻者由于太多的反省，甚至是由于太过剩的可能性，而无法行动；这不是反省的问题，不！真正的认识，对可怕真理的洞见，压倒了任何驱使人行动的动机，在哈姆雷特那里和在酒神之人那里都是一样情况。现在不再有任何慰藉起作用，对死亡的渴望超越了一个世界，甚至超越了诸神，生存连同它在诸神身上或者在一个不朽的彼岸世界中的熠熠发光的映像一起遭到了否定。人类意识到曾经窥见过真理，在这样的意识中，现在人类到处都只看见存在的恐惧和荒诞，现在人类明白了奥菲利娅命运中的象征性，现在人类认识到了森林之神西勒诺斯的智慧：人类感到恶心。

这里，在这意志的最高危险中，**艺术**作为熟知医道、救苦救难的女法师来临了；她能独自把关于生存之恐惧与荒诞的恶心念头变成借以让人生存下去的想象，这就是作为艺术上对恐惧之克服的**崇高**，和作为艺术上对荒诞所致恶心之宣泄的**滑稽**。酒神颂的萨提尔歌队是希腊艺术的拯救之举；在这酒神陪伴者的中介世界里，刚才描述过的那些突然感到的念头消耗殆尽。

八

萨提尔如同我们近代的田园牧童一样，两者都产生于对原始自然因素的渴望；然而，希腊人是多么坚定而毫无恐惧地伸手去抓住他们的林中来客，现代人却是多么害羞而柔弱地戏弄着深情地吹奏牧笛、长相善良的牧童那经过美化的形象！尚无任何知识对其产生作用的天然本性，尚未被冲破的门闩、文化仍被阻挡于其门外的天然本性——这就是希腊人在其萨提尔身上所见到的，因此在希腊人看来，萨提尔还是和猿猴不一样。相反，这是人类的原始形象，是人类作为因为靠近神灵而兴奋陶醉的狂热者、作为出自最深天然本性之智慧的宣告者、作为神的痛苦在其身上复现的与神共患难之难友、作为希腊人习惯于用敬畏的惊叹来看待的自然之性至高无上的象征所具有的最高最强激情之表达。萨提尔是某种崇高而神圣的东西，尤其是在酒神之人那种为痛苦所打断的目光中，他必然如此。经过装点打扮而虚构出来的牧童就会伤害他：他的目光十分满足地停留在不加掩饰、永不枯竭的大自然创作笔法上；在这里，文化的错觉已从人类的原始形象上洗去；在这里，真正的人，即向自己的神欢呼的大胡子萨提尔显露出来。在他面前，文明人萎缩成虚构的讽刺画。关于悲剧艺术的这种开端，席勒的意见也是正确的：歌队是一堵活的大墙，阻挡住猛冲过来的现实，因为它——萨提尔歌队——比一般将自己视为唯一现实的文明人更真实、更现实、更充分地描绘了生存。诗的领域并非作为一个诗人头脑中的不被现实接受的想象物而存在于世界之外，它要成为完全相反的东西，成为未经涂脂抹粉的真理之表达，并且因此而不得不摆脱掉文明人那种自以为是的现实的虚构盛装。这种真正的自然真理和做出是唯一现实之姿态的文化谎言之间的对照，是一种类似于永恒的万物核心即自在之物和整个现象界之间的对照，正如悲剧在现象的不断破灭中，以其对那种生存核心之永恒生命的形而上慰藉所暗示的那样，萨提尔歌队的象征性已经用一种比喻说出了自在之物和现象之间的那种原始关系。现代人爱好的那种田园牧童，不过是被他们当作自然的大量文化错觉的写照；酒神式的希腊人要求最强有力的真实和自然——他们在魔幻中见到自己变为萨提尔。

在这种情绪和悟性的影响下，一帮狂热的酒神仆从欢呼雀跃：他们的力量就在他们自己的眼前改变了他们，以致他们误把自己看成被复原的自然守护神，看成萨提尔们。后来的悲剧歌队的构成是对那种自然现象的艺术模仿；按照这样的构成，当然就需要区分酒神观众和处于酒神魔幻中的人。

只是人们始终不得不提醒自己，阿提卡[1]的悲剧观众在乐池的歌队中重新发现了自己；归根结底，没有观众和歌队的对立，因为一切都不过是一个由歌舞中的萨提尔们，或者由允许自己被这些萨提尔们所代表的人，组成的庄严的大歌队。施莱格尔的话在这里必然为我们展现出更深刻的意义。歌队是“理想观众”，因为它是唯一的**观看者**，舞台上幻想世界的观看者。我们知道，希腊人不了解作为观众的大众：在他们的剧场里，在以相同圆心的弧形逐步升高的台阶状的观众席上，每个人都有可能完全**无视**自己周围的整个文明世界，在心满意足的观看中把自己也当成了歌队成员。按照这样的见解，我们可以把在其原始悲剧的原始阶段上的歌队称为酒神之人的一种自我折射：一个在演员表演过程中可以最清晰地分辨出的现象，这演员如果真的有天赋，他就会实实在在地看见他所要扮演角色的形象在他眼前晃动。萨提尔歌队首先是酒神大众的一个幻觉，而舞台上的世界又是这萨提尔歌队的一个幻觉，这种幻觉的力量十分强大，足以使目光变得呆滞而麻木不仁，对“现实”的印象，对周围一排排座位上的有修养之人视而不见。希腊剧场的形式令人想起一个孤零零的山谷：舞台的建筑显得像是一个发光的云中景象，在山上聚集起来的酒神信徒从高山之巅观看这景象，酒神的形象就在美丽的背景中向他们显现。

我们在这里为解释悲剧歌队而谈论的那种艺术的原始

---

① 以雅典为中心的古希腊东南部地区。

现象，从我们学者关于基本艺术进程的观点来看，是几乎有失体统的；尽管没有任何东西比以下事实更确定无疑了：诗人只有靠看见自己被一些人影所围绕才成其为诗人，这些人影在他面前生活、活动，他看透了他们最内在的本质。由于现代天才特有的一个弱点，我们倾向于太过复杂和抽象地想象审美的原始现象。隐喻对于真正的诗人来说，不是一个修辞手段，而是一个具有代表性的形象，这个形象取代了一个概念，真实地浮现在他面前。对他来说，人物不是某种由搜集来的个别特征构成的完整之物，而是一个在他眼前令人讨厌地活跃的个人，这个人只是由于连续不断地继续生活、继续行动而同画家的同样幻觉相区别的。荷马为何比所有诗人都描写得鲜明得多呢？因为他观察得格外多。我们如此抽象地谈论诗，因为我们大家通常都是糟糕的诗人。归根结底，审美现象是简单的；一个人只要有能力不断观看一场生动的游戏，不断在一群幽灵的包围中生活，那他就是诗人；一个人只要感觉到要改变自我，有要到别人身体和灵魂中去向外说话的欲望，他就是戏剧家。

酒神的兴奋能将这种看见自己在这样一群和自己内在地相一致的幽灵包围之中的艺术天赋传达给整个大众。悲剧歌队的这一过程是**戏剧的**原始现象：看见自己在自己面前变形，现在举手投足好像真的进入了另一个身体，进入了另一个人物。这个过程就处于戏剧发展之始。其中有某种不同于诵诗人的东西，因为诵诗人不是同自己描绘的形象融合，而是像画家一样，用观赏的目光，在自身之外看见这些形象；其中已经有一种通过进入陌生气质而对个性的放弃。而且，这种现象像传染病一般地出现：有整整一群人感觉自己像这个样子中了魔法。因此酒神颂和歌队的任何一种其他歌咏有着根本的区别。手中拿着月桂枝，唱着游行圣歌，庄严地走向日神神庙的少女仍然是她们实际的模样，并保留了她们的平民姓氏：酒神颂歌队是一个由变形者组成的歌队，在这些变形者那里，他们自己过去的平民身份，他们的社会地位，被全然忘却，他们变成了永恒的酒神仆从，生活在所有的社会领域之外。希腊人所有其他的歌队抒情诗都只是对日神歌队成员的一种大大的强化而已；而在酒神颂里，一个无意识的演员团体站在我们面前，他们在相互之间都见到自己已发生了变形。

着魔是所有戏剧艺术的前提。在这种着魔中，酒神式的狂热者把自己看作萨提尔，**而且自己又作为萨提尔来观看神**，也就是说，他在自己的变形中看见自己身外的另一个幻象，作为他的状况的日神式完成。伴随着这样一个新的幻象，戏剧就大功告成了。

根据这样的认识，我们就得把希腊悲剧理解为一而再，再而三地在日神的形象世界中宣泄的酒神歌队。因而在一定程度上，悲剧同其交织在一起的那些合唱歌曲部分就是整个所谓对话的、全部舞台世界即戏剧本身的母腹。在接二连三的一些宣泄之中，悲剧的这种原始基础就放射出那种戏剧幻象：这完全是梦幻现象，并且就这方面而言，具有史诗的本性；可是另一方面，作为一种酒神状态的客观化，这种幻象不表现光照假象中日神前来做出拯救，而是相反，表现个体的破碎及其与原始存在的合而为一。因此，戏剧就是酒神认识与酒神效果的日神感性化，并由此而像被鸿沟隔开一样，同史诗相分离。

希腊悲剧的**歌队**，被酒神激发的兴奋之中的全体大众的象征，在我们的这种理解中找到了充分的解释。尽管由于我们习惯于一个歌队尤其是歌剧合唱在现代舞台上的地位而完全无法理解那种希腊人的悲剧歌队如何会比“动作”本身更古老、更原始，甚至更重要——如这一点在传说中明确流传下来的那样——尽管我们同样也无法将歌队之所以只是由做仆役的下等生灵们，甚至首先只是由公羊模样的萨提尔们组成的原因，同那种传说中的高度重要性和原始性统一起来，尽管舞台前的乐池始终是一个谜，但是我们现在已经看到，舞台连同情节，归根结底，从一开始就被认为是**幻象**，唯一的“现实”就是歌队，是从自身产生出幻象并用舞蹈、声音、言辞等全部象征手段来谈论这幻象的歌队。这歌队在它产生的幻象中看到了自己的主人和师傅酒神狄奥尼索斯，因而永远是**服役者的**歌队：歌队看到酒神是如何受苦，如何美化酒神自己的，因此歌队自身并不**行动**。但是在这个在神面前完全充当仆役的地位上，歌队是**自然**的最高表达，即酒神表达，因此像自然一样，在欢欣鼓舞中谈论神谕和格言：作为**同情者**，它同时又是从世界之中心宣告真理的**智者**。于是就产生了那位想象的、显得有失体统的形象，那智慧而欢欣鼓舞的萨提尔；他又是不同于神的“天真汉”，自然及其最强烈欲望的摹本，甚至象征；同时又是自然智慧和自然艺术的宣告者，集音乐家、诗人、舞蹈家、能见鬼神者于一身。

按照这种认识，也根据传说，**酒神**这真正的舞台主角和幻象中心，在最最古老的悲剧时期并不真的在场，而只是被想象为在场，也就是说，悲剧原先只是“歌队”而不是“戏剧”。后来才做了这样的尝试：把神展现为实体的神，并把幻象的外形以及神化的光环表现为每一双眼睛都可见到的实在；于是，更狭窄意义上的“戏剧”就开始了。现在酒神颂歌队就有了这样的任务：把观众的情绪激发到酒神的高度，以致当悲剧主人公出现在舞台上的时候，观众看见的绝不是戴着奇形怪状面具的人，而是一个几乎诞生于他们自己陶醉状态的幻觉形象。如果我们想象阿得墨托斯深情地想念他刚去世的妻子阿尔刻提斯①，完全在她的精神形象面前受煎熬——就像有一个蒙着面，有着相似外形，走着相似步子的女人形象突然被领到他跟前：如果我们想象他突然在颤抖中感到的不安，想象他那心潮起伏中的对比，想象他那本能的确信——那么我们就会有类似于被酒神激发起来的观众借以看见神在舞台上向他们走来的那种感觉，观众同神的痛苦已经合而为一。观众不由自主地把整个魔幻地在他的灵魂面前颤抖的神的形象，转到那个戴面具的人影身上，将人

① 阿得墨托斯是希腊神话传说中的阿尔戈斯英雄，阿尔刻提斯的丈夫。后来身患不治之症，日神请求命运女神准许由别人代替他去死，他的妻子自愿替死。

影的现实性差不多融化在一种幽灵般的非现实之中。这是日神的梦幻状态，在这种状态中，白天的世界蒙上了面纱，一个比它更清晰、更可理解、更感动人心，然而也更像幻影的新世界在不断变幻中崭新地诞生于我们的眼前。与此相应的是，我们在悲剧中清楚地看到一种风格上的鲜明对照：语言、色彩、动作性、言语生动性作为截然分开的表达阶段分别出现在日神的歌队抒情诗和日神的舞台梦幻世界中。酒神在其中客体化的这种日神现象，不再像歌队音乐的情况那样，是"一座永恒的大海，一种交织，一种炽烈的生活"[①]，不再是那种只被感觉到的、没有浓缩为形象的力量，兴奋中充满这种力量的酒神仆从感觉酒神就在近旁；而现在从舞台上对他说话的是史诗形象塑造的清晰性和实在性，现在酒神不再凭借力量，而是作为史诗的主人公，几乎是用荷马的语言来说话的。

① 引文出自歌德诗剧《浮士德》，第一部，第505—507行。

九

在希腊悲剧的日神部分中和在对白中浮到表面的一切，看上去都很简单、很透明、很美。在这个意义上，对白是希腊人的一个写照，希腊人的天性是在舞蹈中显露出来的，因为在舞蹈中，最强大的力量也只是潜在的，但是却通过动作的柔韧性和丰富性流露出来。索福克勒斯的主人公们的语言以其日神的确切性和明朗性，让我们如此惊讶，以至于我们立刻就误以为已经看到了他们最根本的实质，还带有几分诧异，不明白通往这实质的道路为何竟如此之短。可是一旦我们撇开主人公们表面上流露出来的、显现出来的性格——从根本上讲，不过是投射到一面黑暗墙上的光影图像，也就是说，彻头彻尾的幻象——不谈，我们倒反而更加深入到以这种映像投射出来的神话当中去了，于是我们突然经历了同一种众所周知的光学现象相反的现象。如果我们试着猛地直视太阳，却眼花缭乱地转过身去，几乎作为治疗手段，我们眼前就会出现深色斑点：索福克勒斯的主人公们那些光影幻象，简言之，面具的日神倾向，即看了一眼自然的内在可怕事物以后的必然产物，正好相反，几乎就是用来治疗被可怕夜晚损坏之视力的发亮斑点。只有在这个意义上，我们才可以相信正确把握了“希腊之欢乐”这一严肃而有意义的概念；而我们却在所有通往当下之路、之桥上，碰上了对这种处于无危险舒适状态中的欢乐概念的错误理解。

不幸的**俄狄浦斯**，这个希腊舞台上最痛苦的形象，被索福克勒斯理解为一个高贵的人，这个人尽管有智慧，可是却注定要犯错误、注定遭遇灾难。不过他最终又通过自己巨大的痛苦而在他周围形成一股给人以福祉的魔幻力量，这股力量的有效性超越了他的死亡。这个高贵的人不犯罪过，这便是思想深刻的诗人要对我们说的：通过俄狄浦斯的行动，任何法律、任何自然秩序，甚至道德世界都会毁灭；然而正是由于这样的行动，一个更高魔幻的作用范围形成了，它在倾覆的旧世界的废墟上建立起一个新世界。这一点是诗人要告诉我们的，因为他同时也是宗教思想家：作为诗人，他首先让我们看到了一个奇异地纠缠在一起的法庭审理之结，法官慢慢地、一点又一点地把结解开，耗尽了他自己的心血；真正的希腊人在这种辩证地解结过程中所获得的快乐如此之大，以至于因此就有一种压倒一切的快活特色笼罩在整个作品上，到处都巧妙地使那个审理过程的可怕前提锋芒受挫。在《俄狄浦斯在科罗诺斯》[①]中，我们就遇到了这同一种快活，不

① 索福克勒斯写的一部悲剧作品，科罗诺斯在雅典附近，俄狄浦斯在此度过了他最后的日子。

过是在无尽的神化中被拔高了而已；相对于那个遭遇了过度不幸、纯粹作为**受苦受难者**受尽磨难的老人的——是从神界降临的超尘世的快活，它展示给我们，那位主人公如何以他纯粹被动的举止实现了远远超越他生命的最高主动性，而他早先生活中那种有意识的努力只是把他引向了被动性而已。于是对于肉眼来说难分难解地缠结在一起的俄狄浦斯寓言的法庭审理之结就慢慢地解开了——于是，靠着这种辩证法的神圣对立面，我们获得了最深刻的人间快乐。如果我们在这里以这样的解释公正对待诗人，那么就有可能总是被问道：神话的内容是否因此而枯竭了？而在这里显示出来的是：诗人的整个见解不过是在我们瞥见深渊之后，有治疗作用的自然投射到我们面前的那种影像。弑父娶母的俄狄浦斯，解开斯芬克司之谜的俄狄浦斯！这神秘的三重命运告诉了我们什么？有一种古老的，尤其是在波斯流传的民间迷信，认为一个智慧的巫师只可能生于乱伦：这一点，就解谜和娶母的俄狄浦斯而言，我们立即就得这样来解释，即在现在和未来的魔力，僵硬的个体化法则，总之自然的真正魔法被先知的魔幻力量打破之处，一种违背自然的可怕事情——诸如所说的乱伦——便必然首先跑出来充当原因；因为如果不是靠成功地抗拒自然，也就是说，靠违背自然的方法，你怎么可能强迫自然泄露它的秘密呢？我认为这种认识在俄狄浦斯可怕的三重命运中已经显现出来：解开自然——那双重特性的斯芬克司——之谜的同一个人，也必然作为弑父娶母者打破最神圣的自然秩序。的确，神话似乎想要悄悄告诉我们，智慧，恰恰是酒神智慧，是一种违背自然的可怕东西；用自己的知识将自然投入毁灭深渊的人，自身必然要经历自然的解体。“智慧的利器刺向智者；智慧是对自然犯下的一种罪行。”神话向我们喊出如此可怕的话语来。可是希腊诗人像一道阳光，触摸着神话的这根崇高而可怕的曼依之柱[①]，以至于它突然开始发出音乐——索福克勒斯的旋律！

现在我来把围绕埃斯库罗斯笔下的**普罗米修斯**发光的主动性灵光和被动性灵光加以对照。思想家埃斯库罗斯在这里要对我们说的，而他作为诗人却只是通过比喻方式的形象来让我们感觉的东西，青年歌德已懂得用他的普罗米修斯的大胆言辞来揭示了：

> 我坐在这里
> 按照我的模样造人，
> 造一个像我一样的种族，
> 像我一样
> 受苦，哭泣，
> 享受，快活，
> 不尊敬你！[②]

---

① 曼依是荷马史诗《奥德修纪》中的美男子。据传说，底比斯附近有一根上面雕刻着曼依雕像的柱子，若是早晨太阳照射到柱子上，柱子便会发出音乐声。

② 这几行诗歌引自歌德诗歌《普罗米修斯》。

上升到提坦神地位的人类甚至为自己争来了自己的文化，迫使诸神同自己联合，因为人类在自己的智慧中掌握着神的存在和神力的界限。那首普罗米修斯诗歌，按照其基本思想，是对有失虔敬之行为的一首真正的赞美诗。可是，其最令人惊异的地方却是埃斯库罗斯**正义**追求的深刻特征：一方面是大胆“个人”的无尽痛苦；另一方面是神的困境，甚至一种神到黄昏的预感，这种强制这两个痛苦世界达成和解、达成形而上统一的力量——这一切最强烈地让人想起埃斯库罗斯世界观的中心点和基本原理，他的世界观看到命运女神作为永恒正义端坐于诸神和人类之上。在埃斯库罗斯用以将奥林匹斯世界置于他的正义天平上的惊人大胆方面，我们不得不提醒自己，深邃的希腊人在他们的秘密宗教仪式中有一种坚定不移的形而上学思维的基础；希腊人的全部怀疑情绪可以发泄到奥林匹斯众神头上。尤其是希腊艺术家，对这样的神感觉到一种互相依赖的朦胧情感，而恰恰在埃斯库罗斯的普罗米修斯身上，有了这种情感的象征。提坦神式的艺术家在自己身上找到了顽强的信念，相信能创造人，并且至少能摧毁奥林匹斯众神，而且通过他的更高智慧来做到这一切。当然，他不得不在永恒的痛苦中为这种更高智慧遭受惩罚。伟大天才的突出“能力”，即使以永恒痛苦为代价来偿付都嫌太少，还有**艺术家**那种苦涩的自豪——这是埃斯库罗斯创作的内容和灵魂，而索福克勒斯在他的俄狄浦斯身上像奏响前奏曲一般地奏起了**圣人**的胜利之歌。然而，即使用埃斯库罗斯给予神话的那种解释，也无法测算出其形成的恐惧之可怕深度：应该说，艺术家对生成的乐趣，反抗任何不幸的艺术创造的快活，只是一种明朗的云天图像，这图像倒映在黑色的悲伤之海上。普罗米修斯传说是各雅利安民族[①]整体的原始财富及其深思和悲剧天赋的文献，甚至以下看法也不是没有可能的，即这种神话对于雅利安人来说所拥有的典型意义，和原罪神话对于闪族人[②]来说所拥有的典型意义是相同的；两种神话之间存在着一种兄妹间的亲缘关系。那普罗米修斯神话的先决条件是一种天真的人类给予火的丰富价值，是将其视为任何上升之文化的真正守护神。可是，人类自由地支配火，不仅仅是借助于一种上天的馈赠，将其作为有点火作用的电光或者加热作用的日光来接受，这一点在那些遐想的远古之人看来，似乎就像是一种亵渎行为，一种对神性自然的掠夺。于是，第一个哲学难题提出了人和神之间一个痛苦而无法解决的矛盾，并将它像一块岩石一般推到任何文化的门前。人类可以分享的最佳、最高事物是通过一种亵渎行为实现的，现在人类不得不再次接受其进一步的后果，也就是说，受冒犯的上天——必然——使高贵的努力向上的人类遭受的一大堆痛苦和忧虑：一种苦涩的想法，这种想法通过它给予亵渎行为的那种**尊严**，同闪族原罪神话形成

① 指由史前时期居住在伊朗和印度北部的一个民族发展出来的各民族，其使用的语言为雅利安语，或称“印欧语”。

② 又译“闪米特人”，近代主要指阿拉伯人和犹太人，古代包括希伯来人、巴比伦人、腓尼基人、亚述人等。按照《圣经·旧约》的说法，闪族人是诺亚之子闪（Shem）的后裔。

了奇异的对照。在闪族的原罪神话中，好奇、谎言欺骗、容易受诱惑、贪婪，总之，一系列尤其具有女性特点的情感被视为恶的根源。雅利安观念的突出之点是那种将**主动罪愆**视为真正普罗米修斯式美德的崇高见解；同时，悲观的悲剧之伦理基础也因此而被认为是对人类之恶的**辩解**，而且既为人类之过，又为人类因过失而遭受的痛苦辩解。万物本质中的不祥——遐想的雅利安人不喜欢用过细的解释来打发这个问题——世界中心的矛盾，在雅利安人看来，显现为不同世界，例如一个神的世界和一个人的世界的混杂，在这些世界中，每一个世界都是作为合理的个体而存在的，可是作为互相挨在一起的个别世界都得为其个体化而受苦。在个人进入一般的英勇追求中，在跨越个体化禁令、要求成为**独一无二**世界本质的尝试中，个人在自己身上遭遇了隐藏于万物之中的原始矛盾，也就是说，他亵渎和受苦。于是，亵渎被雅利安人理解为男性，罪被闪族人理解为女性，正如原始亵渎由男性所犯，原罪由女性所犯。[①]顺便说一下，女巫歌队唱道：

> 女人千步行，
> 不必太当真；

---

① 普罗米修斯到天上取火种给人类，教给人类使用火的方法，触怒宙斯，被视为对诸神的亵渎，因而受到宙斯残酷的惩罚。普罗米修斯作为男性之神犯下的这种亵渎，即前面所说的“主动罪愆”。夏娃受撒旦的引诱，出于好奇，偷吃智慧之果，还劝说亚当一起吃，她作为女人的祖先首先犯下了原罪，但她的罪愆不是主动的，因为是受到撒旦的引诱。

她竭其所能，
男人一步成。[①]

理解普罗米修斯传说那种最内在核心——理解向付出巨大努力的个体显示出的亵渎之必然——的人，必然也同时感觉到这种悲观观念的非日神倾向；因为日神恰恰是要通过以下方法使个体存在安静下来：他一再以他对自我认识和适度的要求提醒人注意这一点，恰如注意最神圣的世界法则。然而，为了在这种日神倾向中使形式不至于僵化为埃及式的拘谨和冷漠，为了不至于在为个别浪涛规定路线和范围的努力中让整体的海浪运动渐渐消失，酒神的滚滚大潮时不时地一再冲毁片面的日神"意志"试图禁锢希腊精神的所有那些小圈子。这时候，那种突然涨起的酒神大潮将个体的个别小浪尖背负在自己的肩上，就像普罗米修斯的兄弟、提坦神阿特拉斯[②]举起大地一样。这种几乎要成为所有个体的阿特拉斯之神并用宽阔的肩膀将所有的个体背负得越来越高、越来越远的提坦式欲望，是普罗米修斯精神和酒神精神之间的共同之处。以这种观点看，埃斯库罗斯的普罗米修斯是一个酒神面具，而在以前提到过的那种寻求正义的深刻特征中，埃斯库罗斯则流露出从父系角度他起源于日神这位个体化和

---

① 这一诗节，尼采引自歌德诗剧《浮士德》悲剧第一部的"瓦卜吉司之夜"，全诗的第3982—3985行。

② 提坦神族的一员，因为反对宙斯攻打奥林匹斯山，被罚用头和手在世界极西处顶住天。

正义界限之神、这位洞察秋毫者。而埃斯库罗斯的普罗米修斯的两重性，他同时具有的酒神天性和日神天性，可以用以下抽象的表达方式来表达："一切存在的都是合理的，又是不合理的，两者都同样有道理。"

这是你的世界！这就叫作一个世界！[①]

① 这两句话出自歌德诗剧《浮士德》，第409行。

十

这是一个无可争辩的传统：最古老形式的希腊悲剧只有酒神之痛苦作题材；在较长一段时间里，舞台上唯一在场的主角只有酒神。然而，可以同样肯定地说，直到欧里庇得斯为止，酒神从来没有停止过做悲剧主角，而希腊舞台上所有那些著名人物——普罗米修斯、俄狄浦斯等都只是那原始主角酒神的面具。在所有那些面具背后藏着一位神，这一点从根本上说明了那些著名人物何以有如此经常受赞美的典型“理想性”。我不知道是谁曾断言说，作为个体，所有个体都应该是可笑的，因而也是非悲剧性的，由此可以推导出，希腊人一般不**能**忍受悲剧舞台上的个体。事实上，他们似乎已如此感觉到了：一般来说，柏拉图对“理念”与“偶像”、摹本的那种区分和评价是如何深深地植根于希腊人的本性之中的。可是，若用柏拉图的术语来说，大致可以这样来谈论希腊舞台上的悲剧人物形象：一个真正现实的酒神出现在多种形象中，戴着一个作战中的英雄的面具，几乎被缠到了个体意志的网中。现在显形的神所言所行的样子，很像是一个迷失方向、追求着、痛苦着的个体：他一般以这种史诗的确定性和明晰性**出现**，这是圆梦者日神的效果，他通过那种比喻式的出现向歌队解释了他的酒神状态。然而，那位英雄实际上就是宗教神秘仪式中受苦受难的酒神，那位在自己身上体验个体化痛苦的神，关于那位神，奇异的神话告诉我们，他当初作为男孩如何被提坦神肢解，现在在这种作为札格列欧斯[①]的状态中又如何受到尊敬，由此表明，这种肢解，真正的酒神式**痛苦**，像转化为气、水、土、火一样；我们因此就得将个体化状态视为一切痛苦的源泉和根本原因，视为某种本身应受鄙弃的东西。从这酒神的微笑中，产生出奥林匹斯众神，从酒神的眼泪中诞生了人类。在那种作为被肢解之神的状态中，酒神有着一个残酷而粗野的魔鬼和一个温文尔雅的统治者的双重天性。然而，参与祭典而达到最高境界者寄希望于酒神的新生，我们现在必须富有预感地将此理解为个体化的终结：最高境界者沸腾的欢乐之歌，朝这正在到来的第三位酒神响起。只是在这种希望中，在被捣毁成个体的破碎世界的脸上有一道快乐之光，正如神话中以陷入永久悲哀的得墨忒耳[②]

---

① 据希腊奥菲斯神话传说，札格列欧斯是酒神的别名，主神宙斯和女儿珀耳塞福涅所生的儿子。

② 得墨忒耳，希腊神话中掌管农业、出生、婚姻等的女神，她的女儿被冥王哈得斯劫走，强娶为妻，她悲痛万分，无心掌管农业，以致田野荒芜，后来宙斯命令哈得斯准许她女儿每年回来与她团聚，于是每年在她女儿回来时，便大地回春。

来说明的那样，当有人对她说，她可以**再一次**生下酒神时，她第一次**高兴**起来。在列举的观点中，我们已经凑齐了一种深邃的悲观主义世界观的所有组成部分，同时也包括了**悲剧的秘密宗教仪式说**：对一切现存事物的统一性的基本认识；将个体化视为恶的根本原因；艺术是对个体化禁令应该被打破的快乐希望，是对一种再确立的统一性的预感。

前面已指出过，荷马史诗是奥林匹斯文化之诗，奥林匹斯文化以此唱出了它关于与提坦神之战的恐怖的凯旋之歌。现在，在悲剧诗的极为强大的影响下，荷马神话重新得到转生，并在这种转生中表明，在这期间，甚至奥林匹斯文化也被一种更深刻的世界观所战胜。顽强的提坦神普罗米修斯向他的奥林匹斯山上的折磨者宣告，如果他不及时和自己联合，那么他的统治有一天就会遭受最大危险的威胁。在埃斯库罗斯那里，我们看到了惊恐的、为自己末日担心的宙斯同这位提坦神的结盟。[①]于是，早已过去的提坦神时代现在又被重新从塔塔罗斯[②]取出来放到光天化日之下。有着原始、赤裸秉性的哲学女神以不加掩饰的真实表情注视着翩翩而过的荷马世界的神话：在这位女神闪电般的眼神面前，这些神话变得苍白起来，胆战心惊——直到它们迫使酒神艺术家的有力拳头为新的神灵服务。酒神真理把整个神话领域看作

---

① 在埃斯库罗斯失传的悲剧《普罗米修斯被释》中，普罗米修斯最终被释放，与宙斯取得和解。

② 塔塔罗斯是希腊神话中冥府里的深渊，宙斯放逐仇敌的地方。

其认知的象征表达，它一部分在公开的悲剧文化领域内、一部分在对戏剧式的秘密宗教仪式庆典的秘密庆祝中表达出它的认知，但是始终戴着神秘的面纱。是什么力量解救了普罗米修斯，使他免于兀鹰的攻击，并把神话变成了酒神智慧的工具？这是音乐的巨大力量：作为这样的力量，它在悲剧中达到其最高显现，懂得以思想深邃的新意义来解释神话；正如我们先前已经不得不将此描述为音乐的最强大能力一样。因为渐渐步入所谓历史真实的小胡同，被后来的任何一个时代按历史要求看作唯一的事实，这是任何神话的命运：希腊人已经完全开始了他们的过程，机敏而专横地转而给他们以神话表达的整个人类青春期梦想打上了一种历史的、实用的**青春期历史**的印记。因为这通常是宗教死亡的方式。也就是说，在这样的时候，一种宗教的神话前提在正统教条主义严格而明智目光的注视下被系统化为完成的历史事件总和，人们开始焦虑地为神话的可信度辩护，却又抵制那些神话，不让它们有任何进一步的自然生存和发展；或者说，这时候，神话感消失，取而代之的是宗教对历史依据的要求。现在，新生的酒神音乐天才抓住了这临终的神话：在他手中，神话之花重新开放，呈现它从未展示过的色彩，散发出激发一个形而上世界之渴慕预感的芬芳。在这回光返照之后，它凋零了，它的花瓣枯萎了，不久，古代好讽刺挖苦的琉善[①]

① 琉善（120—180），希腊作家，又译卢奇安，作品讽刺和谴责各派哲学的欺骗性、道德堕落等。

们就追逐起随风四处飘零、锈色枯槁的花朵来。神话借悲剧达到了它最深刻的内容，它的最富于表现力的形式；它再一次像一个受伤的英雄那样站起来，全部剩余的力量加上临终者富于明智的宁静，像回光返照的强大光芒在他的眼中燃烧。

亵渎神灵的欧里庇得斯，当你试图迫使这临终者再一次为你服劳役时，你欲求何物？它死于你的暴力之手，你现在需要一个仿造的、乔装打扮的神话，它像赫拉克勒斯的猴子[①]一样，只知道用古老的富丽堂皇来打扮自己。恰如神话死于你之手，音乐天才也死于你之手：纵使你想要贪婪地把音乐的花园抢劫一空，你也只能成就一种仿造的、乔装打扮的音乐。因为你抛弃酒神，所以日神也抛弃你；纵使你把所有的激情都从它们的窝里惊起，把它们圈在一起，纵使你为你的主人公们的言论磨砺、加工出一种诡辩的辩证法——你的主人公们也仍然只有仿造的、乔装打扮的激情，只说仿造的、乔装打扮的言论。

---

① 这是指赫拉克勒斯的模仿者。赫拉克勒斯是希腊神话传说中的杰出英雄，曾建立十二项奇功。

十一

希腊悲剧的灭亡不同于全部早期姐妹艺术类型：它死于自杀，由于一种无法解决的冲突，因而死得悲壮，而所有那些早期姐妹艺术则寿终正寝，死得最为漂亮、安宁。因为如果说儿孙满堂、不用挣扎着告别人生，符合快乐的自然状态，那么那些艺术类型的终结便是向我们展示了这样一种快乐的自然状态：它们慢慢消逝，在它们垂死的目光中已经站立着比它们更美好的后生们，以无所畏惧的表情不耐烦地探着脑袋。与此相反，随着希腊悲剧之死，产生出一种巨大的、处处都深刻感觉到的虚无；在提比略[①]时代，希腊船员有一次在一座孤零零的岛上听到令人震惊的叫喊："大神潘[②]死了！"而现在则像一声痛苦的悲叹，在整个希腊世界都响着这样的声音："悲剧死了！诗歌本身也随它一起消逝！去吧，你们这些

① 提比略(公元前42—公元37)，古罗马皇帝。

② 大神潘是希腊神话中的山林之神。

消瘦而形容枯槁的后辈，去吧！去到地狱里，以便在那里你们可以饱餐一顿前主人的残羹剩汤！”

可是，当现在又有一种将悲剧尊为其先驱与主人的新艺术类型繁荣起来的时候，人们会惊愕地发现，尽管它带有其母亲的特征，可是这些特征却只是它的母亲在其长期的垂死挣扎中表现出来的那一些。**欧里庇得斯**就进行了这种垂死挣扎；而大家知道，那种后期的艺术类型便是**阿提卡新喜剧**。在它那里，蜕变的悲剧形态仍继续存在，作为其极其艰难、极其残酷之死的纪念碑。

在这样的相互关系中，新喜剧诗人对欧里庇得斯所感到的那种酷爱就可以理解了；所以，菲莱蒙[①]想要被立即绞死，只是为了能寻找到阴间的欧里庇得斯，他的这种愿望不再令人感到惊讶：只要他相信，死者仍然明白事理的话。可是，如果我们想要最简略地描述，而不要求没完没了地说出欧里庇得斯和米南德、菲莱蒙所共同拥有的东西，以及对于米南德、菲莱蒙来说产生如此激动人心之榜样力量的东西，那么，这样来说就足够了，即**观众**被欧里庇得斯搬上了舞台。谁认识到欧里庇得斯以前的普罗米修斯悲剧家们是靠哪些材料来塑造其主人公的，认识到把现实的忠实面具搬上舞台的意图距离这些悲剧家有多远，谁就将清楚地看到欧里庇得斯完全偏离的意向。日常生活中的人通过欧里庇得斯而从观众席

① 菲莱蒙（约公元前368—前264），古希腊雅典的新喜剧诗人，是当时另一名著名新喜剧代表人物米南德（公元前342—前292）的竞争对手。

挤上舞台；以前只是照出轮廓分明的显著特征的镜子，现在显示了那种连大自然的败笔也一五一十再现出来的一丝不苟之真实。早期艺术中的那个典型希腊人奥德修斯，现在在新喜剧诗人笔下堕落成“小希腊人”[①]的形象，这样的人从这时候起就作为好心肠而又狡黠的家奴居于戏剧兴趣的中心点。阿里斯托芬的《蛙》中的欧里庇得斯自以为很有功劳的事情，即用他的家常手段，将悲剧艺术从其奢华的臃肿中解脱出来[②]，尤其可以从他的悲剧主人公身上感觉出来。从总体上看，观众现在在欧里庇得斯的舞台上看到、听到的是自己的替身，很高兴这位替身懂得如何巧舌如簧。高兴的事还不止于此：人们甚至向欧里庇得斯学习说话，《蛙》中的欧里庇得斯甚至在同埃斯库罗斯的论战中自夸，即现在如何由于他的缘故，大众学会了以艺术方式，以最机智的诡辩来进行观察、商议并得出结论。总而言之，公众语言的这种根本改变，使新喜剧成为可能。因为从那时候起，日常琐事以何种方式、用哪些至理名言才能出现在舞台上，已不再是什么奥秘了。直至那时，决定语言特点的，在悲剧中都是半神半人，在喜剧中都是醉酒的萨提尔或半人半兽，而现在欧里庇得斯

① 原文为Graeculus，这是罗马人对希腊人的蔑称。

② 希腊“喜剧之父”阿里斯托芬《蛙》一剧中的欧里庇得斯对埃斯库罗斯说：“当你将这门艺术遗传给我的时候，她是一件古董——因夸张的言辞而臃肿，因辞藻的枯燥笨重而肥胖，好吧，我首先给她一个瘦身疗法，用甜菜汁，体操，有着清淡、舒适味道的诗句，加一碗清汤，里面是来自我大量藏书中的现成学问；然后将她建立在抒情独唱曲的基础上。”

将其全部政治希望建于其上的市民式平庸终于有表达的机会了。所以，阿里斯托芬剧中的欧里庇得斯高度赞美自己如何描述了普通的、众所周知的、日常的生活和活动，对于这样的生活和活动，每一个人都能做出判断。剧中的欧里庇得斯认为，如果现在全部大众都推究哲理，以闻所未闻的智慧掌管家园，从事司法程序，那么，这就是他的功劳，是他向大众灌输智慧的结果。

新喜剧现在可以面对的，就是这样一种受到调教和启蒙的大众，欧里庇得斯在某种程度上成了大众的歌队教师；只不过这一次，观众的歌队必须训练有素。歌队一变得训练有素地用欧里庇得斯的语气唱歌，就形成一种博弈般的戏剧类型，即剧中不断以狡猾和诡计多端取胜的新喜剧。而欧里庇得斯——这位歌队教师——则不断受到赞扬：要是有人不知道悲剧诗人全都已经和悲剧一样销声匿迹了的话，他甚至还会为了到欧里庇得斯那里去讨教更多东西而自杀呢！可是，连同悲剧一起，希腊人放弃了关于不朽的信念，不仅是关于理想往昔的信念，也是关于理想未来的信念。著名的墓志名言“耄耋之年，漫不经心而又乖戾”也适用于老耄的希腊文化。当下的享乐、插科打诨、漫不经心、一时之念，这些是它的最高之神；第五等级——奴隶等级，至少从观念上讲，现在要当权了：如果现在一般来说仍然可以谈论“希腊之欢乐”的话，那么这就是奴隶之欢乐，奴隶不懂得为任何困难的事情负责，不懂得追求伟大事物，不懂得珍惜比现在更高的过去或未来之物。正是这种“希腊之欢乐”的外观，激怒了最初四个世纪基督教的思想深邃而可怕的人物：对于他们来说，如此女性般地逃离严肃和恐惧，如此怯懦地自我满足于舒适的享受，似乎不仅是可鄙的，而且也是真正反基督教的思想意识。经历了好几个世纪的希腊古代观点以几乎不可征服的顽强韧性，抓住了那种浅红的欢乐之色，这应该归功于——好像从来没有一个有其悲剧的诞生、有其秘密宗教仪式、有其毕达哥拉斯和赫拉克利特的公元前6世纪[①]；甚至好像伟大时代的艺术品根本不存在，而对于这些艺术品——每一部作品本身——完全不应该立足于这样一种老耄的、适合于奴隶的生存乐趣和欢乐来加以解释，它们表明了有一种完全不同的世界观作为其存在的基础。

如果最终有人断言说，欧里庇得斯将观众搬上舞台是为了也使观众真正能够对戏剧做出判断，那么就会造成一种假象，好像早期的悲剧艺术没有从一种与观众的不相称中走出来：人们也许会受到诱惑，将欧里庇得斯培养一种艺术品与公众之间两相适应关系的激进意向，赞美为超越索福克勒斯的一种进步。然而，这个“公众”不过是一种说法，根本没有相应的实在意义。为什么艺术家该有义务去迎合一种只是在数量上显示其强大的力量呢？如果按照其天赋和意图，艺术家感觉自己高于这些观众中的任何一个个人，那么他怎么

① 公元前6世纪是希腊抒情诗最兴盛，也是希腊悲剧诞生的时期，同时秘密宗教仪式也很盛行，还产生了像毕达哥拉斯（约公元前580—约前500）和赫拉克利特（约公元前540—约前480与470之间）这样的著名哲学家。所以尼采认为，如此重要的一个世纪是不容忽视的。

会对所有那些能力在他之下者的集体名词，而不是对相对来说具有最高天赋的个别观众感觉到更多的尊敬呢？实际上，没有一个希腊艺术家在整个漫长的一生中比（恰好是）欧里庇得斯更放肆、更自满地对待自己的大众了：当大众跪倒在他脚下时，正是他，以高度的固执，同他自己的意向相左，而他正是用这种倾向征服了大众的。如果这位天才对大众的阎王殿还有一点点敬畏的话，那么他在自己屡屡失败的棒击之下早就会在自己生涯的中途一命呜呼了。出于这样的考虑，我们看到，我们说欧里庇得斯把观众搬上舞台是为了使观众真正能做出判断，这只是一种临时的说法；我们必须尝试更深入地理解他的意向。与此相反的是，众所周知，埃斯库罗斯和索福克勒斯在他们的有生之年，甚至远在他们身后，如何充分拥有大众的爱戴，也就是说，在欧里庇得斯的前辈那里，绝对谈不上艺术品和公众之间不相称的问题。是什么驱使这位富有才华、迫切地不断进行创造的艺术家，强行离开在最伟大诗人之名的阳光普照下、在大众之爱戴的万里晴空下的道路呢？是对观众的何种特殊考虑把他引向观众的？他怎么会出于对其公众的过高尊重而蔑视其公众呢？

欧里庇得斯感觉自己——这是刚才描述的谜之谜底——无疑是高于大众而不是高于他的两位观众的诗人：他将大众搬上舞台，把那两位观众尊为唯独能对他的全部艺术进行评判的法官与大师。遵循他们的指令和劝告，他把至此为止作为任何节日庆祝演出中的无形歌队出现在观众席上的整个感觉、激情、经验的世界移植到他的舞台角色的心灵里，他也遵照他们的要求为这些新角色寻找新的言辞和新的语气，只有在他们的声音里，他听到了自己感觉再一次受到公众司法审判时所听到的对他创作的有效裁判，就像听到了预告胜利的勉励一般。

在这两位观众中，一位便是欧里庇得斯自己，作为**思想家**而不是作为诗人的欧里庇得斯。关于他，我们可以说，他格外丰富的批评才华就像莱辛的情况那样，即使不是产生了，也是不断孕育了一种富有艺术创造性的附带本能。欧里庇得斯带着这样的天赋，带着他全部毫发可鉴、才思敏捷的批评思想，坐在剧场里，努力去一笔一画地像辨认变得灰暗的绘画一样，重新认识他的伟大前辈们的杰作。在这里，他现在碰到了对于埃斯库罗斯悲剧之较深奥秘有所洞悉的人来说并不出乎意料的东西：他在每一笔每一画中注意到了某种不协调的东西，某一种带有欺骗性的确定性，同时还有背景的一种谜一般的深度甚至无限性。最清晰的形象仍始终拖着一条彗星的尾巴，似乎指向了不确定，指向了难以名状。同样的朦胧之光笼罩着戏剧的结构，尤其笼罩着歌队的意义。伦理问题的解决在他看来多么可疑！对神话的处理多么成问题！幸运和不幸的分摊是多么不匀称！甚至早期悲剧的语言中也有许多他认为有失体统，至少也是像谜一样的东西；尤其是他发现把简单的关系搞得太复杂，把太多的比喻和令人难以置信的东西加到了简朴的人物头上。所以他不安地坐在剧场里冥思苦想，作为观众他自己承认，他不理解他的伟大前辈。可是，由于他把理解力看作一切享受和创造的真正根源，所以他不得不问一下，不得不朝四周看一下，是否有人想得跟他一样，同样也向自己承认那种不协调性。然而，许多人，也包括最出色的个人，只是不信任地冲他微笑；却没有人会对他说明，为什么他对大师们的疑虑和反对意见是正确的。就在这样一种令人痛苦的状态中，他发现了**另一位观众**，这位观众不理解悲剧，因而也就不尊重悲剧。和这个观众结盟，欧里庇得斯就会敢于从自己的孤独中走出来，开始对埃斯库罗斯和索福克勒斯的艺术品展开非同寻常的斗争——不是用论战文字，而是作为戏剧诗人，用**他的**悲剧观反对传统的悲剧观。

十二

在说出这另一位观众的名字以前，我们且在这里稍待片刻，回忆一下我们以前描述过的那种关于埃斯库罗斯悲剧本质中的矛盾因素和不协调因素的印象。让我们想一想我们自己面对那种悲剧的歌队和**悲剧角色**时所感到的诧异吧！我们无法使这些悲剧和我们的习惯，同样也和传统协调一致——直至我们重新发现那种两重性本身就是希腊悲剧的起源和本质，是**日神倾向和酒神倾向**这两种互相交织的艺术本能的表达。

将那种原始的、万能的酒神因素从悲剧中排除出去，将悲剧纯粹地重新建立在非酒神艺术、习俗、世界观的基础上——这就是现在一清二楚地向我们揭示出来的欧里庇得斯的意向。

欧里庇得斯自己在暮年时尽可能强调地提出了关于一个神话中的这种意向对他同时代人的价值和意义的问题。究竟有没有酒神倾向存在呢？我们不应该用暴力将它从希腊的土地上根除掉吗？诗人对我们说，只要有可能，当然是应该的，可是狄奥尼索斯神太强大；最聪慧的对手——如《酒神的伴侣》[1]中的彭透斯——也意外地中了酒神的魔法，然后在这种着魔状态中奔赴他的厄运。两位老人卡德摩斯和提瑞西阿斯[2]的判断似乎也是老年诗人的判断：最聪明的个人思考也不推翻那些古老的民间传说，不推翻永远繁衍生息的那种对酒神的尊敬。甚至就这样一些令人惊异的力量而言，至少富于外交手腕地显示一下小心谨慎的参与，也是合适的。然而在这里，酒神对这样一种温吞水一样的参与大为不满，并把那位外交家——在这里如那位卡德摩斯——最终变成一条龙，这样的事情也始终是可能的。这一点，诗人告诉了我们，他整个漫长的一生都以英雄之力反抗酒神——为了在生命终结时以一种对他对手的颂扬和一种自杀来结束自己的生命历程，就像一个眩晕者那样，只要能摆脱可怕的、再也忍受不了的旋转，便从塔上跳下来。那种悲剧是对他的意向之可行性的一种抗议；啊，这种意向已经付诸实施！奇迹已经发生：当诗人改口的时候，他的意向已经获胜。酒神已经被赶下了悲剧的舞台，而且是通过出自欧里庇得斯之口的魔力。甚至欧里庇得斯在某种意义上也只是面具：借他之口说话的不是酒神，也不是日神，而是一个完全新生的

---

① 欧里庇得斯在马其顿度过的最后岁月中写的悲剧，在他死后才上演。

② 在希腊神话传说中，彭透斯是底比斯王，因反对崇拜酒神，被参加酒神节游行的妇女撕碎；卡德摩斯是底比斯城的建立者；提瑞西阿斯是底比斯的盲人先知。这三者都是《酒神的伴侣》中的人物。

魔鬼，叫作**苏格拉底**。这是新的对立：酒神倾向和苏格拉底倾向的对立，希腊悲剧艺术品因这种对立而毁灭。即使现在欧里庇得斯试图通过改口来安慰我们，他也不会成功：最富丽堂皇的圣殿成了一片废墟；摧毁者的悲叹以及他承认这是所有圣殿中最美的，对我们有何用处？即使受到所有时代艺术判官的处罚，欧里庇得斯被变成了一条龙[①]——这种可怜的补偿又会令谁人满意呢？

让我们现在来接近那种**苏格拉底**意向吧，欧里庇得斯就是以此来反对并战胜埃斯库罗斯悲剧的。欧里庇得斯把戏剧仅仅建立在非酒神倾向基础上的意图，在其对最高理想的贯彻中究竟有何目的？——我们现在不得不自问这样的问题。如果戏剧不是在那种酒神倾向的朦胧之中诞生于音乐的母腹，还会剩下什么样的戏剧形式呢？只有**那种戏剧化史诗**：在这样一种日神的艺术领域里，悲剧效果当然是无法达到的。这里不是取决于所描述事件的内容；我甚至可以断言，歌德在他设想的《瑙西卡》中是不可能使那田园诗般尤物的自杀——按设想是在第五幕里完成这场自杀——具有悲剧性动人效果的[②]；史诗—日神倾向的力量如此非同寻常，

---

① 龙在德语国家中是一种想象中的凶残动物，这个词也含有泼妇的意思。若说某人变成了龙，必然是含有贬义。

② 瑙西卡本为希腊神话传说中淮阿喀亚王阿尔喀诺俄斯的女儿，奥德修斯在特洛伊打完仗回国途中沉船落水，游水上岸后昏倒在地，被瑙西卡及其女友的歌声唤醒，瑙西卡把他带到父亲的宫殿去。国王为他提供船只和水手帮助他回国。歌德在《意大利游记》中设想写《瑙西卡》一剧，并设想她在第五幕寻死。实际上歌德后来只写了一个很短的三幕残篇《瑙西卡》。

以至于这种倾向以那种对外观的乐趣和通过外观而得到的解脱来使最充满恐怖的事物在我们眼前发生魔变。戏剧化史诗的诗人像史诗诵诗人一样，不能充分地和其形象融合：他始终只是睁大眼睛观看的宁静而无动于衷的注视，看见的是自己**眼前**的形象。这种戏剧化史诗中的演员，归根结底，始终只是诵诗人；他的全部行动都笼罩在内在梦想的神圣之下，所以他绝不完全是演员。

那么，欧里庇得斯的作品是如何对待这种日神戏剧理想的呢？就像柏拉图《伊安篇》中那位年轻一代诵诗人对待老一辈庄严的诵诗人那样，那位年轻一代诵诗人如是描述自己的天性："我在朗诵哀怜事迹时，就满眼是泪；在朗诵恐怖事迹时，就毛骨悚然，心也跳动。"[①]我们在这里再也觉察不到那种对外观的史诗式沉迷状态，觉察不到真正的演员那种无动于衷的冷静，真正的演员就是发挥到最高明的状态，也完全是外观和对外观的乐趣。欧里庇得斯是心脏悸动、毛骨悚然的演员；作为苏格拉底式的思想家，他拟订计划，作为激情奔放的演员，他执行计划。无论在拟订计划还是执行计划中，他都不是纯粹的艺术家。所以欧里庇得斯的戏剧是一种既冷又热的东西，能使你冻僵，同样也能使你烧焦；它不可能达到史诗的日神效果，而另一方面它又尽可能摆脱酒神因素，现在干脆为了制造效果而需要不再可能属于日神倾向和酒

① 这一段引文采用朱光潜译柏拉图《文艺对话集》(人民文学出版社，1980年)中的译文，见该书第10页。

神倾向这两种唯一的艺术本能范围的新刺激手段。这种刺激手段就是冷静的悖论式的**观念**（取代日神倾向的直观形象）和火热的**冲动**（取代酒神倾向的心醉神迷），而且是最为现实主义地来模仿的、绝对没有沐浴在艺术空气中的观念和冲动。

如果我们因此而如此充分地认识到，欧里庇得斯根本没有成功地将戏剧单单立足于日神倾向之上，他的非酒神倾向更应该说迷失在一种自然主义的非艺术倾向之中，那么，我们现在将可以接近**审美苏格拉底主义**的本质了；其最高法则大概是这样的："万物欲成其美，必合情理"；这是苏格拉底式"唯知情知理者有德"的平行原则。欧里庇得斯用手中的这一准则来衡量一切个别事物，并按照这一原则矫正一切：语言、人物性格、戏剧艺术结构、歌队音乐。和索福克勒斯的悲剧相比，我们往往经常地认为在欧里庇得斯身上是诗的缺陷和退步的东西，多半就是那种咄咄逼人的挑剔过程，那种冒失的智性活动的产物。且让我们举出欧里庇得斯的开场白作为那种理性主义方法的生产性之例证吧。任何东西都不可能比欧里庇得斯戏剧中的开场白更违背我们的舞台技巧了。个别亮相者在作品开头自报家门，讲述情节的来龙去脉，这会让一个现代戏剧诗人将其称为一种对悬念效果的不可原谅的故意放弃。人们肯定知道将要发生的一切；谁会愿意一直等到这些事情真的发生呢？因为在这里，绝没有预言的梦境同后来出现的现实之间的那种令人激动的关系。欧里庇得斯的思考完全不一样。在他看来，悲剧的效果绝不在于史诗般的悬念，不在于现在和随后将发生之事的迷人的不确定性，而在于那些雄辩、抒情的大场面，在那些场面中，主人公的激情和雄辩术膨胀为一种广袤而汹涌的洪流。一切都为激情，而不是为情节做准备；不为激情做准备的东西就被视为不足取。然而，最强烈地妨碍人们津津有味地全神贯注于这种场面的，是听众感到若有所失的部分，是编造来历上的一个漏洞；只要听众还得揣摩这个那个人物意味着什么，倾向和意图上的这个那个冲突有什么作为前提，那么，听众便仍然不可能完全专心致志于主要人物的痛苦和行为，也不可能屏息般地与之同苦共忧。埃斯库罗斯、索福克勒斯的悲剧使用最有修养的艺术手段，以便在最初几场里几乎是不经意地把所有那些为理解所必需的线索交到观众手里，这是真正的艺术家证明必然会有的一个特征，他对**必然的**套路几乎是藏而不露，让它作为偶然事件出现。可是，欧里庇得斯总还是相信他注意到，在那最初的几场里，观众处于固有的不安之中，以解开关于来历的计算难题，以至于诗之美和展示情节的激情对他来说就丧失殆尽。因此，他又在展示情节之前设置了开场白，并将其置于一个人们可以信任的人物之口：经常得由一位神来向观众关于悲剧的进程做出某种程度的保证，并消除对神话之真实性的任何怀疑；用的是类似于笛卡尔那样的方法，笛卡尔只能通过诉诸神之诚实和不可能说谎来证明经验世界的真实性。欧里庇得斯在其戏剧的结尾再次需要这同样的神之诚实，以便向观众证实他的主人公的未来；这便是声名狼藉的解围之神[①]的任务。在史诗式的预见和向外看见[②]之间是戏剧抒情的当下，是真正的“戏剧”。

因此，作为诗人的欧里庇得斯尤其是他自己有意识知识的回声；这恰恰给予他希腊艺术史上一个如此重要的地位。由于他的批判性、创造性的创作，他经常有这样的情绪，好像他应该让阿那克萨哥拉[③]著作的开头生动地用于戏剧，其开头几句话是这样的：“泰初混沌；然后理智来临，创立秩序。”如果阿那克萨哥拉带着他的“Nous（理性）”出现在哲学家中间，就如第一个清醒者出现在烂醉者中间，那么，欧里庇得斯也可以按相似的比喻来理解他同其他悲剧诗人的关系。只要万物唯一的秩序维护者和统治者Nous（理性）仍然被艺术创作排斥在外，那么一切就仍然处于一种原始的混沌状态中；欧里庇得斯不得不做出如是判断，他不得不如是这般地

---

① “解围之神”的拉丁文是deus ex machina，直译应该是“出自机械之神”。古希腊戏剧的剧场一般都是依山筑成的露天剧场，戏剧中有解决不了的矛盾，就由通过绳索机关从山上飞降下来的神介入解决。这种矛盾的解决一般不是剧情发展的自然而然的结果，结构上并不有机合理，因此尼采称其为“声名狼藉”。

② “在史诗式的预告和向外看见之间”的德文原文是zwischen der epschen Vorschau und Hinausschau，Vorschau（预见）和Hinausschau（外见）不仅在意思上互相呼应，指戏剧的开场白和结局，在发音上也互相呼应，尼采在用词上很喜欢这样的呼应，以形成一定的讽刺。他之所以在这里用“外见（即向外看见）”这个词，是因为在戏剧的结尾，观众不是看见剧情内的东西，而是看见从外面飞降来的“神”。

③ 阿那克萨哥拉（约公元前500—前428），古希腊哲学家，原子唯物论的先驱，提出“Nous”说等。

作为第一个“清醒者”来批判“醉”诗人。索福克勒斯曾说埃斯库罗斯做得对，尽管在无意之中为之，这肯定没有欧里庇得斯的那种意思：欧里庇得斯只会同意说，埃斯库罗斯就**因为**是无意之中创作，所以他创作了不合理的东西。甚至神圣的柏拉图谈论诗人的创作能力也是在其不是有意识的理智的范围内，大部分都只不过是讽刺，而且将其等同于预言家和释梦者的才能；仿佛诗人在失去意识，不再拥有理智以前，便没有能力写诗。欧里庇得斯着手向世人展示“非理性”诗人的对立面，有如柏拉图也曾经做过的那样；他的审美原则“万物欲成其美，必有意识”是苏格拉底式“万物欲成其善，必有意识”的平行原则，如我说过的那样。因此，我们可以把欧里庇得斯看作审美苏格拉底主义的诗人。可是，苏格拉底是那不理解因而不重视早期悲剧的**第二位观众**；有苏格拉底作为盟友，欧里庇得斯就敢于当一种新艺术创作的宣告者。如果早期悲剧就此毁灭，那么审美苏格拉底主义就是凶杀原则。可是，因为反对酒神倾向的斗争针对早期的艺术，所以我们就在苏格拉底身上认出了酒神的对手，这位新的俄耳甫斯[①]，他起而反抗酒神，尽管注定将被雅典法庭的酒神女

---

① 希腊神话传说中色雷斯地方的诗人和歌手，善弹竖琴，他的琴声可使猛兽扶手、顽石点头。他的妻子欧律狄刻死后，他追到阴间，冥后珀耳塞福涅被他的琴声感动，答应他把欧律狄刻带回人间，条件是他在路上不得回顾，可是当他走近地面时，想回头看看妻子是否跟在后面，结果，他的妻子又回到阴间。关于他的死有各种说法，有一种说法是酒神怂恿他的女祭司们在一次祭酒神的仪式中把他撕成碎片，因为他主张崇拜对立的日神。

祭司们撕碎[1]，然而他还是迫使这位极其强大的神自己逃走了：这位神就像当初逃避厄多尼国王吕库耳戈斯[2]那样，逃到大海的深处，也就是说，逃入一种渐渐席卷整个世界的秘密祭拜的神秘洪流中。

---

① 苏格拉底是被雅典法庭判处死刑的，他安然服毒死去。尼采在这里说他注定将被酒神女祭司们撕碎，只是因为前面说他是新的俄耳甫斯，所以只是借用俄耳甫斯的死法来说明苏格拉底反对酒神的结局将和俄耳甫斯差不多，只不过俄耳甫斯是被酒神及仪式中的女祭司们撕碎的，苏格拉底是被雅典法庭的“女祭司们”处死的。

② 厄多尼是古代色雷斯的一个地区，据说其国王吕库耳戈斯是酒神的敌人，后来受到宙斯的惩罚。

十三

苏格拉底同欧里庇得斯有一种密切的倾向上的关系，这一点并没有为同时代的古代人所忽视；关于这种幸运察觉之最具说服力的说法，乃是在雅典流传的那种，说是苏格拉底常常帮助欧里庇得斯作诗。在应该列举出当下的大众蛊惑者的时候，两个人的名字被"古老盛世"的信徒一口气说了出来：古老的马拉松式身心敦实干练，在身心力量不断衰退的情况下，越来越成为一种可疑解释的牺牲品，这就是源自这两个人的影响。阿里斯托芬喜剧通常就用这种口气——一半愤怒，一半蔑视地——来谈论那两个人，让新一代的人感到惊恐，他们虽然很愿意背弃欧里庇得斯，可是他们对苏格拉底在阿里斯托芬的剧中被写成头号**诡辩家**，写成所有诡辩志向的镜子和典范感到惊诧不已。这里所提供的唯一安慰是，把阿里斯托芬本人作为在诗的领域中无耻地撒谎的阿尔西比亚德斯[①]

① 阿尔西比亚德斯（公元前450？—前404），古希腊雅典政客和将领，政治上反复无常。

钉在耻辱柱上示众。我在这里不是针对这样的攻击，为阿里斯托芬深刻的直觉辩护，我是在继续借古代的感受表明苏格拉底和欧里庇得斯息息相关；在这种意义上，尤其应该记得，苏格拉底作为悲剧艺术的敌对者是不看悲剧的，只是当欧里庇得斯的一部新作品上演时，他才出现在观众之中。然而，最著名的是两人的名字在德尔斐神谕中紧紧排列在一起，神谕把苏格拉底称为最有智慧的人，而同时做出判断，应该把智慧竞赛中的二等奖给予欧里庇得斯。

在这个等级中，索福克勒斯名列第三；相对于埃斯库罗斯，他自夸做得正确，而且因为他**知道**何为正确。显然，正是这种**知**的神圣程度是那种将此三人共同彰显为其时代三位“知情知理者”的东西。

然而，关于对知和认识的那种新的、闻所未闻的高度评价所说的最为尖锐的话，是苏格拉底身为唯一承认自己**一无所知**的人时说出来的；而他挑剔地走遍雅典，拜访了最伟大的政治家、演说家、诗人、艺术家，到处碰到的都是对知的自负。他惊讶地认识到，所有那些名人甚至对自己的职业也没有正确而确切的认识，只是出于本能从事自己的职业。“只是出于本能”，用这种说法，我们触及了苏格拉底倾向的核心和焦点。苏格拉底主义既用它来谴责现存的艺术，也同样用它来谴责现存的伦理。无论他将审视的目光投向何方，他都看到认识上的匮乏和狂妄的力量，由这种匮乏，他推断出现有状况的颠倒和不足取。从这一点出发，苏格拉底相信必须扭转乾坤：他这个个人，带着蔑视和自负的表情，作为一种截然不同类型的文化、艺术、道德的先驱者，走进一个这样的世界——对于这个世界，我们只要偶尔瞥见其一隅，便会以为我们获得了无上荣幸。

这是巨大的忧虑，每次面对苏格拉底，这种忧虑就袭上我们的心头，一而再，再而三地刺激我们去认识古代这个最可疑现象的意义和目的。那个敢于作为个人否定希腊本质特征的人是谁？这种体现为荷马、品达、埃斯库罗斯，体现为斐狄亚斯[①]，体现为伯里克利，体现为皮提亚[②]和狄奥尼索斯，体现为最深的深渊和最高巅峰的本质特征，无疑受到我们惊叹不已的朝拜。是哪一种魔鬼的力量竟敢把这种魔汤倾倒在尘埃里？是哪一位半神，人类中最高贵者的精灵歌队不得不对他高呼："哀哉！哀哉！你摧毁了它，这美好的世界，用强力之拳；它倾塌，它瓦解！"[③]

被称为"苏格拉底之守护神"的那种奇异现象向我们提供了一把打开苏格拉底本质之门的钥匙。在他的非凡理智陷入摇摆不定的特殊情况下，他通过一种在这样的时刻发出的神圣之声而获得了一个坚实的支撑点。这个声音来临时，总是进行**劝阻**。本能的智慧总是只出现在这种完全异常的

---

① 斐狄亚斯（公元前500?—前438?），古希腊雕刻家，主要作品是雅典卫城帕特农神庙的雕像和浮雕。

② 皮提亚，德尔斐神庙中能预言的女祭司。

③ 这是歌德《浮士德》一剧中精灵歌队接着浮士德的话所唱的一段合唱。紧接着的一句话是："一位半神把它摧毁。"见该书德文版第1607—1612行。

天性中，以便时不时**阻挠性地**对抗有意识的认识。尽管在所有具有创造性的人那里，本能恰恰是创造、肯定之力，意识显示出批判性和劝阻性；而在苏格拉底那里，本能变成了批评者，意识变成了创造者——一种真正的畸形缺陷！而且我们在这里看见的是一种有着一切神秘气质的畸形缺陷，乃至于苏格拉底会被称为特殊的**非神秘主义者**。在他身上，逻辑本性通过一种多余的添加[①]而被过多地开发，就像在神秘主义者身上那种本能智慧的情况一样。而另一方面，那种在苏格拉底身上出现的逻辑本能却完全不能针对自己；在这种无拘无束的汹涌奔腾中，他显示出一种自然力，我们只有在所有最巨大的本能力量那里才会在毛骨悚然的震惊中遇见这种自然力。任何人只要从柏拉图的著作中感觉到一点点苏格拉底生活志向的那种神圣质朴和自信，他就也会感觉到逻辑苏格拉底主义的巨大驱动轮如何几乎就在苏格拉底的背后转动着，而且这一切如何必然会通过苏格拉底而被看到，就像通过一个影子一般。而他自己预感到了这种关系，这一点表现在那种庄严隆重的态度上，他到处，甚至在法官面前，也用这种态度来提出他的神圣使命作为理由。在这点上，要从根本上反驳他，就像同意他在消解本能方面产生的影响一样，是不可能的。在这种无法解决的冲突中，当他有一天被

① 尼采在这里使用的德文原文是Superfötation，本意是指生理学上的异期复孕，或植物学上的异花粉受精，也可延伸为“多余的添加”的意思。尼采用这个词，意在挖苦苏格拉底。

拽到希腊的城邦公民大会面前，公民大会只提出了唯一一种形式的判决，就是放逐；人们本可以作为一个谜，作为无法归类、无法解释的事情，把他撵过边境，不会有任何的后代有理由指责雅典人做了一件卑鄙的事。可是，对他宣布的是死刑，而不仅仅是放逐，这似乎是苏格拉底自己造成的，他十分清楚自己在做什么，毫无对死亡的自然恐惧：带着柏拉图所描述的他作为最后的豪饮者在拂晓时分离开酒会，开始新的一天时所带有的那种宁静前去赴死；这时候，在他的身后，在长凳上、地上，留下了和他一起喝酒、现已醉入梦乡的酒友，他们梦见了苏格拉底，这个真正的色鬼。**赴死的苏格拉底**变成了高贵希腊青年前所未见的新理想，尤其是典型的希腊小青年柏拉图，以其狂热灵魂的全部热烈奉献，跪倒在这个形象面前。

十四

现在让我们想象，苏格拉底的一只独眼巨人的巨大眼睛转向了悲剧，那只眼睛，艺术热情的妩媚疯狂从来不在其中发出炽热之光——让我们想象一下，那只眼睛如何拒绝满心喜欢地窥探酒神的深渊——它实际上一定在柏拉图所说的"崇高而备受赞美的"悲剧艺术中看到了什么吧？某种真正非理性的东西，有着似乎没有果的因，没有因的果，而且整体上如此丰富多彩，以至于必然和一种深思熟虑的气质格格不入，对于容易受刺激的、过敏的灵魂来说就会成为危险的导火索。我们知道，苏格拉底理解的唯一的诗歌艺术种类是什么，是**伊索寓言**，而且这种事情肯定是笑嘻嘻地很随和地发生的，诚实善良的盖勒特[①]就是带着这种随和态度在蜜蜂和母鸡的寓言中称颂诗歌的：

---

① 盖勒特（1715—1769），德国作家，德国寓言的奠基人。

你在我身上看到它的用处，
是对没有许多理智的人，
通过形象来说出真理。

可是对于苏格拉底来说，悲剧艺术根本不“说出真理”，除非是对“没有许多理智的”人，也就是说，不对哲学家：远离悲剧艺术是有双重理由的。像柏拉图一样，他把它看作谄媚的艺术，它只描写适意的东西，不写有用的事情，因此而要求他的门徒保持节制，绝对远离这种非哲学的诱惑；他大获成功，以至于年轻的悲剧诗人柏拉图首先焚毁自己的诗作，以便能成为苏格拉底的学生。可是，在不可战胜的气质同苏格拉底的原则作斗争的地方，这种气质的力量，加上那种非凡性格的冲击力，总是大到足以促使诗歌本身进入一种直至当时尚不为人所知的新姿态中。

这样的一个例子就是刚才所说的柏拉图：他在对悲剧和艺术的谴责中，一般来说无疑没有停留在他老师的单纯挖苦背后，而一定是完全出于艺术的必然，创造出一种恰恰与他所拒绝的现存艺术形式有着内在联系的艺术形式。柏拉图不得不对早期艺术做出的主要谴责——说它是对一种假象的模仿，因而属于一个比经验世界更低的领域——尤其不可以用来针对新的艺术品。于是我们竟然看见柏拉图努力超越现实，描绘出构成那种虚假现实之基础的理念。可是，思想家柏拉图因此而绕了一大圈，来到了他作为诗人始终熟悉的地方，而且索福克勒斯和整个早期艺术正是从这里出发隆重抗议那种谴责的。如果说悲剧吸收了早期的所有艺术种类，那么另一方面从一种古怪的意义上讲，同样的话也适用于柏拉图的对话，它产生于所有现存风格、形式的混合，游荡于叙事、抒情、戏剧之间，散文和诗歌之间，从而也打破了统一语言形式的严格早期法则。在这条道上，**犬儒派**作家走得更远，他们以风格上最大程度的色彩斑斓，在散文和韵文之间来回摇摆，也实现了他们通常在生活中扮演的"狂人苏格拉底"的文学形象。柏拉图对话似乎就是遭遇沉船的早期诗歌加上其所有的孩子逃命所乘坐的小船：它们挤在一个狭小的空间里，战战兢兢地屈从于舵手苏格拉底，现在驶入了一个新的世界，而这个新的世界对这一幕幻景总是百看不厌。柏拉图确实为整个后代留下了一种新艺术形式的样本，即**小说**的样本，它可以称为无限提升的伊索寓言，在其中，诗同辩证哲学的关系就好像许多世纪中辩证哲学同神学的关系，也就是说，是为其充当婢女的关系。这是诗的新地位，柏拉图在恶魔苏格拉底的压力下逼迫诗进入了这样的地位。

在这里，**哲学观念**蔓延在艺术周围，迫使它紧紧抱住辩证法的主干。**日神**倾向变形为逻辑的公式化，就像我们必然在欧里庇得斯那里看到相似情况，看到**酒神倾向**朝自然主义情绪的转化一样。苏格拉底，这位柏拉图戏剧中的辩证法主人公，让我们想起了欧里庇得斯主人公的类似本性，欧里庇得斯主人公不得不用正反理由来为自己的行为辩护，于是如此经常地陷入失去我们悲剧性同情的危险。因为辩证法本质中的**乐观**因素是一目了然的，它在任何结论中都得意洋洋，只有在冷静的一目了然和有意识状态下才能呼吸，那种乐观因素一旦入侵到悲剧中，就必定渐渐覆盖酒神领域，必然驱使酒神领域实施自我毁灭——直至死亡的一跃，跃入市民戏剧。人们只要想一想苏格拉底命题的结论就行了："美德即知识；无知才有罪恶；有德者常乐。"悲剧之死就死在这乐观主义的三个基本形式中。因为现在有德的主人公必然是辩证论者；现在在美德和知识之间、信仰和道德之间，必定有一种必然的、可见的联结；现在埃斯库罗斯的超越尘世的正义之解，以其流行的解围之神，已被降低为肤浅、狂妄的"诗的正义"[①]原则。

相对于这新的苏格拉底乐观主义舞台世界，**歌队**和一般来说悲剧的整个音乐酒神基础现在显得是什么样子呢？显得是某种偶然的东西，是一种对悲剧之起源的全然可无的回忆；尽管我们明白，歌队一般只能被理解为悲剧和悲剧因素的起因。在索福克勒斯那里，歌队的那种尴尬局面已经流露出来——这是一个重要的标志，表明在他那里，悲剧的酒神基础已经开始破碎。他不敢再把效果的主要部分托付给歌队，而是将它的领域限制在这样的范围内，使它现在显得几乎就是在配合演员，就好像它现在是从乐池被提升到了舞台上，从而它的本质当然就被完全摧毁了，尽管亚里士多德恰好赞成对于歌队的这种见解。索福克勒斯总是通过他的实践，而且据传说，甚至通过一篇文章，来推荐那种歌队地位的

---

① "诗的正义"是指诗歌中的惩恶扬善倾向。

变更，这种变更是走向歌队**消亡**的第一步，它在欧里庇得斯、阿伽同[①]以及新喜剧那里经历的几个阶段以惊人的速度连续发生。乐观的辩证法用其三段论的鞭子将**音乐**赶出了悲剧，也就是说，它摧毁了悲剧的本质，这只能被解释为酒神状态的一种体现和形象化，解释为音乐的有形的象征化，解释为一种酒神式陶醉的梦境。

如果我们不得不设想，也就是说，甚至有一个在苏格拉底之前就存在的反酒神倾向，这种倾向只是在他身上得到一种前所未闻的出色表达，那么我们就不必惧怕这样的问题，即苏格拉底这样的现象究竟意味着什么——这种现象，鉴于柏拉图的对话，我们无法将其理解为一种只是起消解作用的否定力量。所以，尽管苏格拉底本能的直接效果是要实现酒神悲剧的毁灭，这是无疑的，但是苏格拉底自己深刻的生活经验迫使我们提出这样的问题：在苏格拉底和艺术之间，究竟是否**必然**只存在一种对立关系，一个“艺术的苏格拉底”的诞生究竟是否本身就是某种充满矛盾的东西。

因为就艺术而言，那位专横的逻辑学家时不时感到一种缺憾、一种空虚、一种部分的责备，一种也许被疏忽的义务。他在监狱中告诉朋友说，经常有同一个梦中形象出现在他面前，始终对他说着同样的话：“苏格拉底，从事音乐吧！”他直到最后的日子都用这样的看法来安慰自己，他的哲学

---

① 阿伽同，古希腊悲剧家，名声仅次于埃斯库罗斯、索福克勒斯和欧里庇得斯，生平不详。

思辨是最高的缪斯艺术，并不真正相信一个神会提醒他那种“平庸而通俗的音乐”。最终他在监狱里勉强同意了从事他不尊重的那种音乐，以彻底减轻他良心的负担。在这样的思想态度中，他用诗写成一篇献给日神的序文，把几个伊索寓言改写成了韵文。驱使他从事这种训练的，是某种类似于守护神告诫之声的东西，是日神让他认识到：他像一个野蛮人国王一样不理解一个高贵的神像，正处于对神灵犯下罪过的危险中——由于他的不理解。苏格拉底梦中形象的那些话是关于逻辑本性之界限的一种思考的唯一迹象，也许——他不得不如此自问——我所不理解的事情未必马上就是非理性的东西吧？也许存在一个逻辑学家被驱逐出境的智慧王国吧？也许艺术甚至就是知识的一种必要的关联物和补充吧？

十五

现在必须在上面这些充满预感的问题的意义上宣告，苏格拉底的影响如何直至此刻，甚至在整个未来，都像一个在傍晚阳光中越变越大的阴影，蔓延到后代身上；这种影响对于**艺术**——而且是更宽更深的形而上意义上的艺术——的创新始终是必要的，而且靠着这种影响的无限，也确保了创新的无限。

在这一点得到承认以前，在令人信服地阐明任何艺术都最内在地从属于希腊人，从属于从荷马到苏格拉底的希腊人以前，我们同这些希腊人的关系就像雅典人同苏格拉底的关系一样。几乎任何时代、任何文化阶段，都曾经十分不快地试图摆脱希腊人，因为面对希腊人，一切自我成就的、显得有充分独创性的、真正真诚地得到赞赏的东西似乎全都突然色彩全无、生气全无，缩水成为不成功的复制品，甚至成为讽刺。于是，对于那个竟敢把所有时代一切非本土的东西视为“野蛮”的狂妄小民族，打心底里就爆发出怨恨：人们自问，那些人是谁？他们尽管只具有昙花一现的历史光彩、只具有狭隘地局限到了可笑地步的公共机构、只具有可疑的道德美誉，甚至以丑行恶德为其特征，却在各民族中要求得到应归于众生之天才的尊严和特殊地位。可惜人们并没有如此幸运地找到用以干掉这样一种存在物的毒药杯，因为一切在自身中产生出嫉妒、诽谤、怨恨的毒药不足以摧毁那种自我满足的崇高。于是人们在希腊人面前感到羞愧和恐惧；除非一个人尊重高于一切的真理，并敢于承认这一条真理：希腊人作为御者掌握着我们的文化、任何的文化；而车马几乎总是材质太差，无法和它们御者的荣耀相匹配，这时候这些御者会认为，把这样的搭档赶到深渊里去倒是很好玩的。他们自己则以阿喀琉斯的一跃，越过深渊。

为了证明苏格拉底也有这样一种御者地位的尊严，只要在他身上认出一种在他之前闻所未闻的生存形式的类型，即**理论之人**的类型，就足够了；认识理论之人的意义和目的是我们的下一个任务。理论之人也像艺术家一样，无限满足于现存的东西，并且像艺术家一样，受到这种满足心态的保护，免受悲观主义的实用伦理学的侵害，免受悲观主义只在昏暗中发光的山猫利眼的注视。因为每次揭示真理时，艺术家总是只用出神入化的目光盯着现在真理被去蔽以后依然是遮蔽物的东西，而理论之人则享受着、满足于遮蔽物被弃之如敝屣，其最高快乐的目的就在于始终快乐的、通过特有力量实现的去蔽过程。如果知识只是为了那一个赤身裸体的女神，而没有别的什么事好做，那就不会有知识。因为这时候，知识信徒们心里的感受一定和那些想要挖一个洞一直穿透大地的人想的一样：他们当中每个人都认识到，即使尽毕生最大的努力，他也只能挖出巨大深度中极小的一部分，就这一小块地方会在他眼前被邻人所干的活儿重新覆盖起来，乃至于在第三个人看来，显然还是靠自己的力量选择一个新的地方来进行他打洞的尝试为好。如果现在一个人令人信服地证明，通过这条直的路线不可能达到另一端的目标，那么谁还会愿意在旧洞里继续工作，除非他这期间是在不知满足地寻找宝石或发现自然规律。因此，最诚实的理论之人莱辛敢于直言不讳地说，在他看来，寻求真理比真理本身更重要，由此，知识的基本秘密被揭开了，这是让知识人士惊讶甚至恼火的事情。然而，现在在这种个别认识的边上，作为一种过分的诚实（如果不是过分狂妄的话），却站立着一种深刻的**妄想**，这种妄想首先体现为苏格拉底，他坚定不移地相信，思想在因果律的引导下，可以抵达存在的最深处；思想不仅能认识存在，而且甚至能**纠正**存在。这种崇高的形而上妄想是作为知识本能而附加在知识边上的，把知识一而再，再而三地引向它的极限，到达这个极限，知识必然转化为**艺术：这个必然过程的目的原本就在于艺术**。

让我们现在举着这种观念的火把来看一看苏格拉底：在我们看来，他似乎是不仅能靠知识本能之手活着，而且能——更有甚者——死于知识本能之手的第一人。因此，**赴死的苏格拉底**作为借知其所以然而免除死亡恐惧之人的形象，是知识的大门之上提醒每一个人不忘其使命的盾徽，这使命就是使存在变得可以理解,因而也显得完全合理。当然,在理由不足的情况下,**神话**最终必然会有助于达到这个目的,我甚至把神话视为知识的必然结果,乃至于目的。

谁一旦搞清楚,在苏格拉底这位把人引入知识这一秘教的引导者之后,一个又一个哲学学派如何后浪推前浪,知识如何以教化世界中最广阔领域内求知贪欲的一种从未被预感到的普遍程度,并作为任何能力更胜一筹者的真正使命,驶入它从此以后再也不可能被完全赶走的大海,一张共同的思想之网如何通过这种普遍程度,甚至带着对整个太阳系法则的展望,被首先覆盖在整个地球上;谁在眼前看到这一切,再加上现在高得令人吃惊的知识金字塔,谁就不可能不在苏格拉底身上看到所谓世界史的那一个转折点和旋涡。想象一下这整个无法计算的力的总量吧!它被用于那种世界趋势,**不是**用来为认识服务,而是用于个人和各民族的实际的,也就是说,利己主义的目标,于是也许在普遍的毁灭性斗争中和持续的民族大迁徙中,本能的生活乐趣被如此削弱,以至于在自杀的习惯中,个人也许不得不感觉到最后一点责任感,就像斐济岛上的居民那样,身为儿子,把自己的父母掐死,身为朋友,把自己的朋友掐死:一种实用的悲观主义,它甚至可以出于同情形成一种恐怖的种族屠杀伦理——顺便说一下,在世界上任何地方,只要艺术没有以某种形式,尤其是作为宗教和知识出现,充当治疗和防止这种悲观主义瘟疫的手段,那么,这种悲观主义就都存在过,而且仍然存在着。

面对这种实用的悲观主义,苏格拉底是理论乐观主义者的原型，他如我们所描述过的那样相信万物本性的可探究性，他在这种信念中给予知识和认知以一种万灵药的效力，在谬误中包含了自在之恶。在苏格拉底式的人物看来，深究那些缘由，去除谬误，是最高贵的甚至唯一的真正人类的职业。所以从苏格拉底开始，概念、判断、结论的必然程序被推崇为高于一切其他能力的最高级活动和最值得赞美的天赋。甚至最崇高的道德行为、同情行为、自我牺牲行为、英雄主义行为，以及日神倾向的希腊人称为涵养的那种难以达到的内心宁静，都被苏格拉底和直至今天他所有那些志趣相投的追随者，从知识的辩证法里推导出来，因而视为可以教授的。亲身体验了苏格拉底式认识之乐趣，并感觉这种乐趣如何以越来越扩大的范围试图包括整个现象界的人，将从此感觉没有任何促进生存的刺激会比完成那种征服、把网牢不可破地织好的渴望更强烈。对于一个如此心境的人来说，柏拉图的苏格拉底这时候似乎就是一种全新形式的“希腊之欢乐”和生存之福的教师，这种新形式寻求在行动中宣泄，并为了最终产生天才的目的，尤其将在对高贵青年的启发式问答教学和其他教育的影响中实现这种宣泄。

可是，现在知识受到其强大妄想的刺激，马不停蹄地直奔其极限而去，在这极限上，藏在逻辑本质中的乐观主义破灭了。因为知识之圈的圆周上有无数的点，尽管完全预见不了这个圆圈如何才能得到充分的度量，但是，高贵才子还在其生存的中点之前，就不可避免地碰上了圆周上这样的边界点，他在那里注视着眼前的一团漆黑。当他在这里惊恐地看到，逻辑在这边界上如何绕着自己蜷曲起来，最终咬住自己的尾巴时——新形式的认识，即**悲剧认识**，脱颖而出，它只是为了被忍受，需要艺术作为庇护和治疗手段。

如果我们用强化的、靠着希腊人而振奋的目光看一看围绕我们流动的那个世界的最高境界，我们就会发现，在苏格拉底身上显现的那种对不知满足的乐观主义知识的贪欲转变为悲剧式的认命和艺术需求。尽管这同样的贪欲处于其低级阶段时必然表现出对于艺术的敌对态度，尤其内在地厌恶酒神悲剧艺术，就像我已经用埃斯库罗斯悲剧和苏格拉底主义的冲突举例说明的情况那样。

现在我们在这里正情绪激动地叩响现代和未来的大门：那种"转变"将导致天才的、而且恰恰是**从事音乐的苏格拉底**的始终崭新的造型吗？覆盖在生存之上的艺术之网，无论是以宗教的名义还是以知识的名义，将被编织得越来越结实、越来越精致，还是它注定要在被称为"现代"的躁动不安的野蛮活动和旋涡中被撕成碎片？——我们忧心忡忡地、然而不是毫无安慰地在一旁站上一小会儿吧，作为被允许充当那种非凡斗争和转折之见证人的沉思者。啊！这是这些斗争的魔力之所在：观看这些斗争的人，也不得不进行这些斗争。

十六

通过举出这历史性的例子，我们已经试图阐明，悲剧如何必然随着音乐精神的消失而死亡，正如它只能从这种精神中诞生一样。为了使这种断言不至于危言耸听，另一方面，也为了表明我们这种认识的起源，我们就得用毫无拘束的目光对照现代类似的现象；我们不得不走进那些斗争中间，正如我刚才说过的那样，这些斗争是在我们现在世界的最高境界中，在不知满足的乐观主义认识和悲剧式的艺术需求之间进行的。在这里，我要撇开任何时代抵制艺术，尤其抵制悲剧的所有其他敌对欲望，这种欲望甚至在现代也满怀胜利信心地蔓延到了这样的程度。例如，在戏剧艺术中，只有闹剧和芭蕾还算茂盛地开放着它们那些也许并非对任何人来说都芬芳的鲜花。我只想谈论悲剧世界观**最显赫的对立面**，我指的是以其鼻祖苏格拉底为首的、最深刻本质意义上的乐观主义知识。随即我还要指名道姓地说出在我看来确保**悲剧之新生**的力量——除此之外，德意志天性还有什么有福的希望呀！

在我们投入那些斗争之前，让我们先把自己裹在我们至今已经获得的知识盔甲中去。人们努力从作为任何艺术品必要的生命之源的唯一原则推导出艺术与所有这些人相反，我把眼光牢牢盯住希腊人的那两位艺术之神：日神和酒神，并在他们身上认出其最深刻本质意义和最高目标各异的**两个**艺术世界的生动而直观的代表。日神站在我面前，作为美化世界的个体化原理之守护神，只有通过个体化原理，在外观中的解脱才能真正实现；而在酒神的神秘欢呼之下，个体化的魔力被驱散，通向存在之母、通向万物最内在核心的道路畅通了。这种横亘在作为日神艺术的造型艺术和作为酒神艺术的音乐之间的巨大对立，对于唯一一位伟大的思想家来说已经明显到了这样的地步，他甚至不用希腊神祇象征意义的指引，就赋予音乐以一种不同的特性和先于所有其他艺术的起源，因为音乐不像所有那些艺术，是对现象的写照，而直接是意志自身的写照，所以对世界上一切形而下的事物来说，音乐表现着形而上的，对一切现象来说，音乐表现着自在之物。（叔本华《作为意志和表象的世界》，第一卷，第310页）[①]这种对于全部美学的最重要认识，从更认真的意义上讲，就是美学的开始。当理查德·瓦格纳在“贝多芬”一文

① 此处及下面的一大段引文，尼采所注页码均为他当时所用版本的页码。从“现象的写照”起，至“自在之物”是尼采对叔本华的大段引用，参见石冲白所译叔本华《作为意志和表象的世界》，中文版第363页末至364页。

中断言说，音乐应该按照完全不同于一切造型艺术的审美原则，而根本不是按照美的范畴来衡量时，他是在上述认识上打上了他自己的印记，来强调这种认识的永恒真理，尽管一种误导艺术走向蜕化的错误美学是从那种适用于形象世界的美之概念出发的，习惯于要求音乐有一种相似于造型艺术作品的效果，也就是说，要激发**对美之形式的快感**。在认识到那种巨大的对立之后，我感觉有一种强烈的需求，想要接近希腊悲剧的本质，从而走向对希腊天才的最深刻的揭示。因为现在我才相信我掌握了魔法，能够超越我们通常美学的套话，真正把悲剧的原始问题摆到我的灵魂面前，借此我可以被赐予一种如此奇妙绝伦的眼光来观察希腊特色，以至于我必然会感觉，就好像我们如此引以为豪的古典希腊学问，从本质上讲，至今也不过是只懂得以皮影戏一类的东西和皮毛外观为乐罢了。

那个原始问题，我们不妨用以下问题来切入：如果日神倾向和酒神倾向这两个互相分离的艺术力量一起发挥作用，会产生哪一种审美效果？或者更简短地说，音乐同形象和概念是什么关系？——理查德·瓦格纳赞扬叔本华恰恰在这一点上有一种描述上恰如其分的清晰性和透明度。叔本华在这个问题上表达了最详细的观点，我在这里将它全文转引如下。《作为意志和表象的世界》，第一卷，第309页："根据这一切，我们可以把这显现着的世界或大自然和音乐看作同一事物的两种不同表现，所以这同一事物自身就是这两种表现得加以类比的唯一中介，而为了认清这一类比就必须认识这一中介。因此，如果被看作世界的表现，那音乐就是普遍程度最高的语言，甚至可以说，这种语言同概念的普遍性之间的关系，大致等于概念同个别事物之间的关系。可是，音乐的普遍性绝不是抽象思维那种空洞的普遍性，而完全是另一种普遍性，是和彻底的、明晰的规定相联系的。在这一点上，音乐和几何图形、数字相似，几何图形和数字作为一切可能之经验客体的普遍形式，可以先验地应用于一切，然而又不是抽象的，而是直观地、彻底地被规定的。意志可能有的一切努力、兴奋和表现，人被理性一概置于'感情'这一广泛而消极概念之下的所有内心历程，都要由无穷多的、可能的旋律来表现，但总是只在纯形式的普遍性中表现出来，没有内容；总是只按自在本体而不按现象来表现，好比是现象的最内在的灵魂而不具肉体。在音乐同万物之真正本质的这种内在关系中，也应该说明，如果相对于某一个场景、情节、事件、环境响起相应的音乐，那么音乐就好像是为我们揭露了这一切的最深奥的意义，而且作为最正确、最明晰的注解出现。同样，谁要是全神贯注在一部交响乐的印象上，他就好像看见生活中、世界上一切可能的事件都在自己面前经过；然而，如果他反省一下，却又指不出那音乐的演奏和浮现于他面前的事物之间有任何相似之处。原来音乐，如前已说过，在这一点上和所有其他的艺术都不同。音乐不是现象的，或正确一些说，不是意志恰如其分的客体性的写照，而直接是意志自身的写照。所以对世界上一切形而下的事物来说，音乐表现着那形而上的；对一切现象来说，音乐表现着自在之物。因此，人们既可以把这世界叫作形体化了的音乐，也可以叫作形体化了的意志。因此，从这里还可以说明为什么音乐能使现实生活中、世界上的每一个画面甚至每一个场景立即凸现出更高的意义，当然，音乐的旋律和已有现象的内在精神愈相似，就愈是这样。人们之所以能够给音乐配上一首诗而使之成为歌曲，或配上一个直观的表演而使之成为哑剧，或给配上两者而使之成为歌剧，都是基于这一点。配上了普遍音乐语言的这种人生个别形象，绝不是以一般的必然性和音乐相关联或相符合的；相反，这些个别形象同音乐的关系，只是任意的例子同一般概念的那种关系：个别形象以现实规定性表现出音乐以纯形式的普遍性说的那种东西。因为旋律在一定范围内，也和一般概念一样，是现实的一种抽象。因为现实，也就是个别事物的世界，既为概念的普遍性，同样也为旋律的普遍性提供直观的、特殊的和个别的东西，即提供个别的情况，然而在某些方面，这两种普遍性是相互对立的；因为概念只含有首先从直观抽象得来的形式，几乎是从事物上剥下来的外壳，所以完全是真正的抽象；而音乐则相反，音乐拿出来的是最内在的、先于一切形态的内核或万物的核心。这种关系如果用经院哲学的语言来表示倒很恰当，即概念'后于事物的普遍性'，但音乐提供的是'先于事物的普遍性'，而现实则提供'事物中的普遍性'。可是，一般来说，一首乐曲和一个直观的描述之间的关系能成为可能，如已经说过的那样，所依据的是，两者只是世界同一内在本质的完全不同的表达方式。什么时候在个别场合真有这样一种关系存在，也就是说，作曲家懂得以普遍音乐语言说出构成一个事件之核心的意志冲动，这时候，歌曲的旋律、歌剧的音乐就会富有表现力。不过由作曲家在上述两者之间所发现的类似性必然在理性没有意识到的情况下直接来自对世界的本质的认识，不可以是带着有意识的目的性而通过概念进行的间接模仿，否则音乐就不是言说内在的本质，不是言说意志本身；而只是不充分地模仿意志的现象而已。一切真正模仿性的音乐都是这样做的。”①

如是，根据叔本华的学说，我们把音乐直接理解为意志的语言，并感觉我们的想象被激发起来，来建构那个只闻其声，不见其形，却如此活跃、如此不平静的鬼神世界，并以类比的范例，让这个世界体现在我们身上。另一方面，形象和概念在一种真正相应的音乐影响之下，实现了一种更高的意义。也就是说，酒神艺术通常对日神艺术能力产生了双重效果：音乐激发对酒神普遍性的**比喻性直观体验**，然后音乐让比喻性形象凸现**为最高的意义**。从这些本身很可以理解，然而没有更深的观察便不可能获得的事实中，我得出结论：音乐能够产生**神话**，也就是最有意义的榜样，而且正是**悲剧**神话，即用比喻来谈论酒神认识的神话。关于抒情诗人的现象，我阐明了音乐在抒情诗人身上如何竭力争取以日神形象来让人了解它的本质。现在我们想象一下，音乐在其最高境

① 参见石冲白所译叔本华《作为意志和表象的世界》，中文版第363页末至365页。

界也必然寻求实现一种最高的阐明，于是我们必然认为这样的事情是可能的：它也懂得为它真正的酒神智慧找到象征的表达方式；如果不是在悲剧中，总之是在**悲剧性**的概念中，我们将到哪里去寻找这种表达方式呢？

从一般按照外观和美的唯一范畴所理解的艺术本质，是完全不可能以正当的方式推导出悲剧性的；只有从音乐精神出发，我们才能理解个体毁灭引起的快感。因为只有这种毁灭的一个个例子才让我们明白了永恒的酒神艺术现象，是酒神艺术表达了几乎在个体化原理背后的全能的意志，那种超越一切现象、不顾任何毁灭的永恒生命。对于悲剧性的形而上快感是将本能上无意识的酒神智慧转化为形象的语言：主人公，这最高的意志现象，为了我们的快感而遭到毁灭，因为他只是现象，他的毁灭对于意志的永恒生命毫发无损。“我们相信永恒的生命。”悲剧喊道；而音乐则是这种生命的直接理念。造型艺术有着完全不同的目的：在造型艺术中，日神通过对**现象之永恒**的闪亮美化，克服了个体的痛苦，是美在这里战胜了生命所固有的痛苦，从某种意义上讲，痛苦被谎言哄骗出了自然特征的行列。在酒神艺术中，在酒神艺术的悲剧象征中，同一个自然用它真正的、毫不掩饰的声音对我们说：“你们像我一样吧！在现象的不停变化之中，这永恒创造、永恒催生、永恒满足于这种现象变化的万物之母！”

十七

酒神艺术甚至要使我们相信生存的永恒乐趣，只是我们不应该在现象中，而应该在现象背后，寻找这种乐趣。我们应该认识到，一切产生出来的东西如何必然准备好走向灭亡，我们不得不看到个体存在的恐惧——然而却不应该吓得发呆：一种形而上的慰藉会短暂地把我们拽离形态万变的喧嚣。我们真的在短暂的瞬间就是原始存在本身，感觉到其不可遏制的生存欲望和生存乐趣；我们现在认为，在无数挤入、闯入生命的生存形式泛滥的情况下，在世界意志过于丰富的情况下，现象的斗争、痛苦、毁灭是多么必要；我们就在带着对生存的无限原始乐趣，似乎大家合而为一，并在酒神式陶醉中预感到这种乐趣之不可摧毁和永恒长存的同时，为这种痛苦的狂暴毒刺所刺穿。尽管有恐惧和怜悯，我们却是快乐的生者，不是作为个体，而是作为我们同其生殖乐趣相融合的一个生者。

希腊悲剧的发生史现在十分明确地告诉我们，希腊人的悲剧艺术品的确诞生于音乐精神：通过这样的想法，我们相信自己第一次正确评价了歌队十分值得惊叹的原始意义。然而，同时我们不得不承认，刚刚提出的悲剧神话的意义，对于希腊诗人而言，是从来不以概念的明确性来显现的，更不用说对于希腊哲学家而言了；希腊诗人笔下的主人公说的几乎比做的更肤浅；神话根本没有在言说中找到它相应的客体化。舞台结构和直观的形象揭示出一种比诗人本身用语言和概念所能表达的更深刻的智慧。正如我们在莎士比亚那里也可以观察到同样的情况，例如他的哈姆雷特在一种相似意义上说的比做的更肤浅，以至于以前提到的那种哈姆雷特的教训不是从语言中，而是从对整体的深入观察和一目了然中得出的。关于希腊悲剧，当然只是作为语言戏剧[①]和我们相遇的，我甚至已经表明，神话和语言之间的那种不一致很容易引诱我们把希腊悲剧看作比它的实际情况更肤浅、更无意义，甚至假定它有一种肤浅的效果，比古人所证实的效果更肤浅，因为人们是多么容易忘记，语言诗人没有成功地使神话实现最高的精神化和理想化，可是他作为具有创造性的音乐家却在任何时刻都可以实现这种事情！当然我们几乎不得不在学问的道路上重建音乐效果的优势，以便接受一点真正的悲剧必然拥有的那种无与伦比的慰藉。然而，只有我

① 尼采在这里所说的“语言戏剧（Wortdrama）”和下面所说的“语言诗人（Wortdichter）”是暗示语言的间接性，而神话在舞台上更应该直接诉诸形象，所以尼采谈到了神话和语言之间的不一致。

们成为希腊人，我们才会真正感受到这种音乐优势；而我们在希腊音乐的整体发挥中——跟那种我们很熟悉、很亲切、更为无限丰富的音乐相比——我们相信只听到了用腼腆的力度感唱出的音乐天才青少年时代的歌曲。正如埃及祭司所说，希腊人是永远的孩子，甚至在悲剧艺术中也只是孩子，孩子是不知道他们手下产生了什么样高明的玩具，又是怎么——被捣毁的。

音乐精神争取形象启示和神话启示的那种奋斗，把最初的抒情诗提升为阿提卡悲剧，然而在刚刚繁荣起来之后，就突然中断，几乎从希腊艺术的表面消失了；而从这种奋斗中诞生的酒神世界观却继续活在秘密宗教仪式中，在最奇异的变形与蜕变中不停地把天性更严肃的人吸引到自己身边。它是否将从它神秘的深渊里出来，再次上升为艺术呢？

在这里，我们全神贯注于这个问题：使悲剧毁于其抵抗的那股力量是否永远有着足够的强度，来阻碍悲剧和悲剧世界观在艺术上的复苏？如果古老的悲剧被知识的辩证求知本能和辩证乐观主义本能挤出其正常轨道，那么就会从这个事实中推断出一场**理论世界观和悲剧世界观**之间的永恒斗争；只有在知识精神被引导到它的极限，它对普遍有效性的要求由于那种极限得到证实而破灭，才可以指望有悲剧的再生。对于这样的文化形式，我们不得不在以前讨论过的那种意义上以**从事音乐的苏格拉底**作为象征。通过这样的对比，我把知识精神理解为那种首先在苏格拉底身上体现出来的对自然的可探究性和知识的普遍治疗力量的信念。

谁记得这种孜孜不倦地向前推进的知识精神的最直接后果，谁就立即想起**神话**是如何被这种精神毁灭的，诗又是如何被这种毁灭排挤出它的自然基础、理想基础，从此成为无家可归者的。如果我们正确地赋予音乐以从自身中再生出神话的力量，那么我们就将不得不在知识精神敌对于音乐的这种神话创造力量的轨道上去寻找知识精神了。这发生在**新阿提卡酒神颂**的发展过程中，其音乐不再说出内在本质，说出意志本身，而只是在一种借助于概念的模仿中不充分地再现了现象：对于这种内在地蜕化的音乐，真正有音乐气质的人带着在苏格拉底扼杀艺术的倾向面前所具有的那种反感，避之唯恐不及。阿里斯托芬在以同样的反感概述苏格拉底本人、欧里庇得斯的悲剧以及新酒神颂诗人，并从所有三种现象中察觉到一种堕落文化的标志时，他那可靠的本能无疑把握了正确的事物。音乐被那种新酒神颂罪恶地变成了对例如一场战役、一次海上风暴等现象的肖像式模仿，从而当然也被剥夺了它的神话创造力量。因为如果音乐只通过迫使我们寻找生命过程、自然过程和音乐的某种韵律手段、独特乐声之间的外部相似而试图激发我们的赏心悦目之感，如果我们的理解力就应该满足于对这种相似的认识，那么我们就被拽入了一种不可能孕育神话因素的心境中；因为神话要求作为一种普遍性、一种真理的唯一范例被直观地感受，这种普遍性和真理始终凝视着无限。真正的酒神音乐作为世界意志的这样一面普遍性镜子向我们迎来：那折射在这面镜子里的直观事件对于我们的感觉来说，立即就扩展为一种永恒真理的映像。相反，这样一个直观事件却立即被新酒神颂的音诗构图剥夺了任何神话特性；现在音乐变成了现象的贫乏映像，因而比起现象本身，更是贫乏到了无止境的地步。我们感觉，由于这样的贫乏，它更是把现象本身往下拽，乃至于现在，例如，那样一种音乐模仿的战役，便仅仅局限于行军中的噪声、军号声等，而我们的想象恰恰被固定在这种表面之上。所以，音诗构图从各方面讲都是创造神话之真正音乐力量的对立面，通过它，现象变得比它的实际情况更贫乏，而通过酒神音乐，个别现象则丰富为、扩展为世界的形象。当非酒神精神在新酒神颂的发展中使音乐同自身疏离，把音乐挤下去，成为现象的奴隶时，这就是它的巨大胜利。欧里庇得斯，他在更高意义上不得不被称作毫无音乐气质的人，就由于这样的理由他是一个新酒神颂音乐的热烈支持者，他以一种强盗式的慷慨大方，动用了新酒神颂音乐的全部效果技巧和装模作样。

当我们把目光投向索福克勒斯以来的悲剧中大量增加的**性格描写**和心理上的过分讲究时，我们就从另一方面看到这种针对神话的非酒神精神的力量在发挥作用。性格不应该再被扩展为永恒的类型，而是相反，通过艺术的次要特征和色彩上的细微差别，通过所有线条最精致的确定性，产生个别效果，让观众根本不再感觉到神话，而是感觉到高度的逼真和艺术家的模仿力。在这里我们也察觉到现象对普遍性的胜利，以及对个别的几乎是解剖用的标本所感到的乐趣，我们已经呼吸到一个理论世界的气息，对于这个世界来说，知识上的认识比一种世界法则的艺术反映具有更高价值。沿着性格特征倾向发展的运动继续迅速向前推进：一方面，索福克勒斯还是描绘着整个性格，运用神话而让性格有十分讲究的发展；另一方面，欧里庇得斯已经只描绘懂得用强烈激情作自我表现的重大个别性格特征；在阿提卡新喜剧中，只有**一种**表情的面具：漫不经心的老人、上当受骗的皮条客、狡黠的奴隶不懈地重复出现。建构神话的音乐精神现在到哪里去了？现在音乐剩下的东西，不是躁动的音乐，就是回忆的音乐，也就是说，不是对麻木疲惫神经的刺激手段，就是音诗构图。就前者而言，它几乎不取决于所填的词如何。在欧里庇得斯那里，当他的主人公或歌队一开始唱歌的时候，事情就渐渐变得真的很麻烦；他放肆的后继者会走向何方呢？

然而，新的非酒神精神最清晰地在新戏剧的**终结**中显现出来。在旧悲剧中，形而上的慰藉是可以在最终感觉到的，没有这种慰藉，悲剧快感根本就无法得到解释；也许，在《俄狄浦斯在科罗诺斯》中最纯粹地响起了来自另一世界的和解之声。现在，当音乐精神从悲剧中消逝的时候，从严格意义上讲，悲剧也就死亡了，因为现在人们从何处能创造出那种形而上的慰藉呢？此后人们寻求用尘世的方法解决悲剧中的不和谐；主人公在被命运折磨够了以后，在一场金玉良缘中，在神圣的荣耀中，得到了应得的酬报。主人公变成了竞技场里的角斗士，在被虐待得遍体鳞伤之后，偶尔也被赐予自由。解围之神取代了形而上的慰藉。我不愿意说，悲剧世界观完全彻底地被咄咄逼人的非酒神倾向的精神所摧毁；我们只知道，它蜕变成秘密宗教的狂热崇拜，不得不从艺术中（几乎）逃到了地狱里。可是，肆虐在希腊人最广阔的表面领域，是以“希腊之欢乐”的形式出现的那种消耗性的精神气息，关于这种形式，前面已经作为一种耄耋而无创造性的生存乐趣谈论过；这种欢乐是早期希腊人美好“天真”的对立面，按照已知的特征，它可以理解为从黑暗深渊长出的日神文化之花，理解为希腊意志以其对美的反映而取得的对痛苦和痛苦之智慧的胜利。那另一种形式的“希腊之欢乐”，即亚历山大式[①]“希腊之欢乐”，其最高贵的形式是**理论之人**的欢乐。它显示出我刚才从非酒神倾向的精神中推导出来的那种特征——它同酒神智慧和酒神艺术作斗争；它致力于消除神话；它用一种尘世的和谐，甚至一种特别的解围之神，即机械和熔炉之神[②]，也就是说，在为一种更高利己主义的服务中被认识、被使用的自然精灵之力取代了一种形而上的慰藉；它相信可以用知识匡正世界，相信一种由知识引导的生活，也真正能够把个人局限在一个能做出作业题的最小圈子里，在这个圈子里，它欢乐地对生活说：“我要你，你值得被认识。”

---

① 亚历山大式指的是希腊化时期以亚历山大城为中心的希腊文化方式。

② 尼采在这里所说的“机械和熔炉之神”指的就是机械和熔炉，是认识自然力量，将其用于实用目的的结果。

十八

这是一种永恒现象：贪婪的意志总是找到一种手段，通过笼罩在万物上的幻觉，让它的创造物活在世上，并迫使其继续活下去。一个人被苏格拉底的求知乐趣和一种妄想所束缚，这种妄想认为通过求知便能治愈永久的生存之伤痕；另一个人被眼前飘拂的艺术之诱人美丽面纱所诱惑；第三个人得到了形而上的慰藉，感觉在现象的旋涡之下，永恒的生命坚不可摧地不断奔流，我们且不说意志随时都为人准备好的更庸俗、几乎更挥之不去的幻觉。上述三种不同程度的幻觉一般只适合于高贵气质的人，这些人带着更深的反感，感觉到生存的负担和沉重，需要用精心挑选的刺激手段，才能使他们忘却这种反感。一切我们称为文化的东西，就是由这些刺激手段构成的：根据合成物的不同比例，我们主要拥有一种**苏格拉底**文化，或**艺术**文化，或**悲剧**文化，如果允许用历史的例子说明的话，那就有一种亚历山大文化，或者希腊文化，或者佛教文化[①]。

我们的整个现代世界都困于亚历山大文化之网中，它把具有最高认识能力、服务于知识的**理论之人**认作理想，其典范和祖先就是苏格拉底。我们所有的教育手段原本都盯着这个理想，除此之外，任何其他人都姑且作为被允许的存在，而不是有预期目的的存在而努力向上。近乎惊人的是，有教养的人在很长时间里被发现只是以学者的形式出现；甚至我们的诗歌艺术也不得不从博学的模仿中演化出来；我们在韵律的主要效果中，认识到我们的诗歌形式起源于以一种不熟悉的、真正有学问的语言之人为实验。对于真正的希腊人来说，本身很明白的现代文化人**浮士德**必然显得多么不好理解啊！这位不知满足地闯入所有学科领域，出于求知欲望而屈从于魔法和魔鬼的浮士德，我们只是为了比较，将他置于苏格拉底旁边，以便认识到，现代人开始预感到那种苏格拉底认识乐趣的界限，渴望离开茫茫无际、荒无人烟的知识海洋，登上海岸。如果说歌德有一次对爱克曼谈到拿破仑时这么说："对了，好朋友，还有一种行为上的创造力"[②]，那么他是用一种十分素朴的方式提醒我们。没有理论的人对于现代人来说是某种不值得相信而又令人吃惊的东西，所以还是需要

① 这里的德文原文是eine buddhaistische Cultur，而在其他一些尼采著作版本中，Cultur（文化）前面的形容词不是buddhaistische，而是indische（brahmanische），因此就成了"印度（婆罗门）文化"。

② 尼采引自爱克曼辑录《歌德谈话录》，1828年3月11日歌德与爱克曼的谈话。

某一位歌德的智慧，以便发现这样一种令人惊异的存在形式是可以理解的，甚至可以原谅的。

现在我们不应该向自己隐瞒隐藏在这种苏格拉底文化母腹中的东西了！想入非非的乐观主义！现在，即使这种乐观主义的果实成熟了，即使经由这一种文化的彻底发酵作用而全面发酵起来的社会渐渐在热烈沸腾和慷慨激昂中颤抖，即使相信所有人都有尘世幸福的信念、相信这样一种普遍的知识文化有可能存在的信念渐渐转变为对一种这样的亚历山大式尘世幸福的紧迫要求，转变为对欧里庇得斯的解围之神的召唤，我们也不必感到惊讶！我们应该注意到，亚历山大文化需要一种奴隶阶级，以便能长久存在，可是它在对于生存的乐观主义观察中，否认这样一个阶级的必要性，因此一旦“人的尊严”、“工作的尊严”之类有蛊惑力和镇静作用的美好言辞的作用被耗尽，它就会渐渐走向可怕的灭亡。没有什么比一个野蛮的奴隶阶级更可怕的了，它学着将其存在看作一种不公正，准备不仅为自己，而且也为世世代代复仇。面对这样一种迫近的风暴，谁敢以确信的气概诉诸我们苍白无力的宗教，这些宗教本身已经从根本上蜕化为学者宗教了，以至于神话，即任何宗教的必要前提，已经到处都瘫痪了，甚至在这个领域里，那种乐观主义精神占了统治地位，我们刚才已经把它称为我们社会毁灭的起点了。

潜藏在理论文化母腹中的灾祸渐渐开始让现代人感到害怕，现代人不安地从他的经验宝库中搜寻避开危险的手段，而他自己也并不真正相信这些手段；他因此而预感到自己的结局。这时候，着眼于普遍性的伟人以一种令人难以置信的谦虚谨慎，善于利用知识工具本身，来一般性地说明认识的界限和局限，从而决定性地否认知识有资格声称具有普遍有效性和普遍目的：有了这样的依据，那种妄想第一次被认识到是这样一种妄想，这种妄想自以为借助于因果律便能探究万物最内在的本质了。**康德**和**叔本华**的巨大勇气和智慧取得了最难取得的胜利，即对隐藏在逻辑本质中的乐观主义的胜利，这种乐观主义是我们文化的基础。如果说乐观主义依靠它深信不疑的永恒真理（aeternae veritates），相信一切世界之谜的可认识性和可探究性，并将空间、时间、因果律看作具有最普遍有效性的完全绝对的法则，那么康德则揭示出，这些法则原本只服务于把单纯的现象，即摩耶的作品，提升为唯一的最高现实，使它取代万物最内在的真正本质，因而使对这种本质的真正认识成为不可能，根据叔本华的说法，也就是，使做梦的人睡得更酣些。（《作为意志和表象的世界》，第一卷，第498页）[①]一种文化以这种认识开始，我斗胆称之为悲剧文化，它的最重要标志是，智慧被移到知识的位置上，成为最高目标，它不受知识诱惑误导的欺骗，目光一动不动地盯着世界的总体形象，试图在这总体形象中，以爱的同情感把永恒的痛苦理解为自己的痛苦。让我们想象一下有着这种无畏目光的未来一代，他们英勇地推进，向往着惊天动地；让我们想象一下这些屠龙者的果敢步伐，他们以高傲

① 参见石冲白所译叔本华《作为意志和表象的世界》，第573页。

的鲁莽，对于所有乐观主义的懦弱教条不屑一顾，以便完全彻底“坚定地生活”。这样一种文化的悲剧人物，在他培养认真和畏惧的自我教育中，难道没有必要把一种新的艺术，即形而上慰藉的艺术——悲剧，作为属于他的海伦来渴望，并同浮士德一起喊出：

难道我这无比渴望之力
不能让这无比倩影再世？①

可是，苏格拉底文化受到两方面的震撼，只能用颤抖的双手抓住它灵验的权杖。这一方面是出于它渐渐开始预感到的对自己结论的恐惧，其次也因为它自己不再带着以前那种天真的信赖，相信自己基础的永恒有效性了。所以看到它的思之舞如何总是渴望着倒向新的人影，以拥抱她们，然后又突然像靡非斯特甩开诱人的拉弥爱们②那样，感到毛骨悚然而让她们闪开去，这是一个悲哀的景象。这甚至就是每个人通常作为谈论现代文化的原始痛苦而谈论的那种“决裂”的标志：理论之人害怕、不满自己的结论，不再敢于信赖可怕的生存之冰川，忧心忡忡地在岸上跑来跑去。他不再想要完全拥有任何事物，万物总带着天然残酷。乐观主义的观点把

① 歌德《浮士德》，第二部，第7438—7439行，其中的“无比倩影”指的是作品中写到的古希腊美女海伦。

② 拉弥爱原为希腊神话中的怪物，歌德的《浮士德》第二部中有一段关于拉弥爱们引诱靡非斯特的插曲。

他娇惯到了如此地步。此外他感觉到，一种建立在知识原则上的文化，当它开始变得**不合逻辑**，也就是说，开始逃避自己结论的时候，便不得不走向灭亡。我们的艺术揭示出这种普遍的困境：人们徒然地模仿所有具有创造性的伟大时代和人物；人们为了安慰现代人而徒然地在他周围聚集起全部的“世界文学”[①]，并把他置于所有时代的艺术风格和艺术家中间，以便他像亚当给动物起名一样，给他们起个名字。他仍然是永恒的饥饿者，没有乐趣的、无力的“批评家”，亚历山大风格之人，实际上的图书馆管理员和校对员，凄惨地被书上的灰尘和印刷错误弄瞎了眼睛。

① “世界文学”是歌德在同爱克曼的谈话中首先提出来的概念。

十九

人们称这种苏格拉底文化为**歌剧文化**，没有比这能更透彻地说明其最内在的内涵了。因为在这个领域，这种文化以特有的天真说出了它的意愿和认识，如果我们把歌剧的产生、歌剧发展的事实同日神倾向、酒神倾向的永恒真理放在一起加以对照的话，那么我们就会感到很惊讶。我首先提请注意的是表演式(stilo rappresentativo)[①]和宣叙调的产生。这种完全肤浅的、不能出神入化的歌剧音乐能被一个时代以狂热的厚爱，几乎作为所有真正音乐的再生来接受和爱护，而这个时代恰恰耸立着帕莱斯特里纳[②]无比崇高神圣的音乐，

---

① 这里用的原文是意大利文(只是第一个单词应该是stile，而不是stilo。本文中多次提到这一术语，用的都是stilo，原因不详)，指的是17世纪初意大利音乐家使用的宣叙调用声方式。国内不少译本都将这一术语译成"抒情调"，显然是误译。

② 帕莱斯特里纳(1525—1594)，意大利作曲家，一生创作大量风格多样的宗教音乐与世俗音乐，以技巧完美著称。

这是可以相信的吗？另一方面，谁会想要只让那些佛罗伦萨文化圈[①]对消遣享乐的陶醉和他们的戏剧歌唱家的虚荣，为如此凶猛扩展的歌剧兴趣负责呢？在同一个时代，甚至在同一个民族中，在整个基督教中世纪都在从事其建造工作的帕莱斯特里纳和声穹隆的一旁，那种对半音乐[②]说话方式的激情觉醒了，这一点，我只能用在宣叙调本质中共同发挥作用的**艺术外倾向**来加以说明了。

歌唱家通过说比唱多，通过在半歌唱中加强慷慨激昂的语言表达，适应了要求听清楚言辞的听众；通过这种对激情的增强，他使言辞易于理解，而且压倒了剩余那一半的音乐。现在威胁他的真正危险是，一旦他不合时宜地过多强调了音乐，说话的激情和言辞的清晰必然立刻因此而荡然无存；而另一方面，他始终感觉到以音乐的方式一吐为快和技艺高超地亮出嗓音的欲望。这时候，“诗人”出来帮助他，“诗人”懂得给他提供足够的机会，让他发出抒情感叹、复诵警句格言等。在这些时候，歌唱家在纯粹的音乐因素中悠哉游哉，对言辞无所顾忌。存在于“表演式”本质中，激情洋溢、很有说服力，然而却是半唱出来的说话和完全唱出来的感叹之间的这种交替，这种迅速变化的、时而作用于概念和想象、时而作用于听众音乐底蕴的努力，是某种十分不自然、全然以同样方式根本违背酒神倾向和日神倾向两种艺术本能的东西，乃

---

① 指16世纪末17世纪初佛罗伦萨的艺术与娱乐的爱好者。

② 即后面所说的半说半唱一类的音乐形式。

至于人们不得不断定宣叙调的起源与所有艺术本能无关。按照这样的描述，宣叙调应该界定为史诗吟诵和抒情式吟诵的混合物，而且绝不是完全矛盾的事物无法达到的、内部稳定的混合，而是最表面的、镶嵌式的黏合，这在自然界和经验领域完全没有先例。**可是这不是那些宣叙调发明者的意思**。他们自己，以及他们的时代，更相信古代音乐的秘密已为那种“表演式”所解开，只有从中才能使一个俄耳甫斯、一个安菲翁[①]，甚至希腊悲剧的非凡效果得到解释。新风格被看作最有效音乐即古希腊音乐的复苏。按照荷马世界**即原始世界**这个普遍的、完全大众化的理解，人们甚至会沉溺于这样的梦幻：现在人们复归于天堂时期的人类之初，音乐在当初的人类那里必然也拥有诗人善于在其田园剧中，如此动人地讲述的那种未被超越的纯洁、威力、无辜。在这里，我们看到了这种真正现代的艺术类型即歌剧的最内在的生成；在这里，一种强烈的需求为自己争取到一种艺术，不过这是一种非审美方式的需求，是对田园生活的渴望，对艺术人、善良人远古时代生活的信念。宣叙调被看作那种远古之人语言的再发现；歌剧被看作那种田园诗般的或英雄般的好人家园的再发现，这种好人同时在所有行动中都追随一种自然的艺术本能，在他有话要说的时候，他至少唱点什么，以便在稍有情绪激动的时候，就立即放声歌唱。我们现在感到无所谓的是，当时的人文主义者用这种新创造的天堂艺术家

① 安菲翁，希腊神话中演奏竖琴的圣手。

的形象，反对教会关于人天生堕落、迷惘的旧观念。所以应该把歌剧理解为善良人的相反教条，有了它同时也就找到了针对悲观主义的慰藉手段；恰恰是当时那些态度认真的人，由于各种状况可怕的不确定性，被最强烈地激发起悲观主义。如果我们认识到，这种新艺术形式的基本魔力，以及相伴的产生过程，在于对一种完全非审美需求的满足，在于对人本身的乐观主义赞美，在于把远古之人理解为天生的善良人和艺术人。这样的歌剧原则渐渐变成了一种紧迫的可怕要求，我们面对现在的社会主义运动，对这种要求不能再充耳不闻了。"善良的远古人"要求他的权利：什么样的天堂前景啊！

此外，我还提出关于我的观点的另一个同样明确的证明：歌剧是和我们的亚历山大文化建立在同样原则上的。歌剧是理论之人的产物，是外行批评家的产物，不是艺术家的产物，这是全部艺术的历史上最令人惊异的事实之一。这是真正非音乐听众的要求：你必须首先理解言辞，以至于只有当你发现某一种声乐方法是言辞支配对位法，就像主人支配仆人那样时，你才可以期待音乐的再生。因为据说言辞比伴随的和声系统高贵得多，就像灵魂比肉体高贵得多一样。音乐、形象、言辞之间的关系，在歌剧产生之初，就是用这些音乐外行的粗野观点来加以处理的；在这种美学意义上，佛罗伦萨高雅的外行圈子里，由在其中受庇护的诗人、歌唱家进行了最初的实验。艺术上无能的人恰恰因为他本身是非艺术之人，所以才孕育出一种艺术。因为他没有预感到音乐的酒神深度，所以他把艺术乐趣变成了“表演式”中理智的激情修辞学和修声学[①]，变成了声乐艺术的淫乐。因为他没有能力看到幻象，他就强迫机械师和装饰艺术家来为他服务；因为他不善于领会真正的艺术家本质，他就根据自己的趣味在自己面前魔变出“艺术的远古之人”，也就是说，激情地歌唱并说着韵文的人。他梦见自己进入了一个激情足以产生声乐和诗歌的时代，好像激情曾经能够创造出某种有艺术性的东西似的。歌剧的前提是一种关于艺术过程的错误信念，而且是那种田园诗般的信念，认为任何有感觉的人实际上都是艺术家。在这种信念的意义上，歌剧就是艺术中外行趣味的表达，这种趣味用理论之人轻松愉快的乐观主义支配它的法则。

如果我们想要把刚才描述的、在歌剧产生之初发生过重要作用的两个概念[②]统一在一个观念之下，那么我们剩下要做的就是谈论一种**歌剧的田园诗倾向**：在这里，我们只需使用席勒的说法和解释。席勒说，自然和理想不是在自然被表现为毫无希望、理想被表现为可望而不可即的时候成为忧伤的对象，就是两者因为被想象成现实而成为快乐的对象。第一种情况产生了比较狭义的哀歌，第二种情况产生了最广泛意义上的田园诗。[③]在这里，应该立即让大家注意到那两个

---

① 指有意的拿腔拿调与说和唱的结合。

② 指表演式和宣叙调。

③ 参见席勒《论素朴的与感伤的诗》，《席勒文集》，德文版“数字丛书”103，第五卷，第728页。

概念在歌剧产生过程中的共同特征：它们让人感到理想不是可望而不可即的，自然不是毫无希望的。按照这种感受，曾有一个人类受自然特别关照的原始时代，同时靠着这样的质朴，人类的理想达到了一种天堂之善和天堂艺术气质。据说我们大家都是这完美的远古之人的后代，我们甚至现在也仍然是其忠实的画像，只是我们不得不从我们身上抛弃一点东西，以便我们由于自愿放弃多余的博学，放弃过于丰富的文化而重新认出自己就是这种远古之人。文艺复兴时期有教养的人通过对希腊悲剧的歌剧式模仿而让自己被引导回到这样一种自然与理想的和谐之中，回到一种田园诗般的现实之中，他们利用这种悲剧，就像但丁利用维吉尔一样，以便被引导到天堂之门去。而从这里出发，他们就独立地继续往前走，从一种对最高希腊艺术形式的模仿转向一种“万物的复原”，转向一种对人的原始艺术世界的复制。在理论文化的怀抱中，这些大胆努力有着何等充满自信的善意啊！只有用以下安慰性的信念才可以做出解释，即“人自身”是永远有美德的歌剧主人公，是永远吹着笛子或唱着歌的牧羊人，万一他自己某个时候真的有一次暂时的迷失，他最终也必然重新找到这种自我身份；他不过是乐观主义的产物，在这里，乐观主义就像一根散发诱人甜香的雾水之柱，从苏格拉底世界观的深谷中升起。

所以，歌剧特征绝没有显示出永恒失落的那种哀歌式痛苦，而是显示了永恒的重新发现带来的欢乐，显示了对一种田园诗般的现实所感到的惬意快感，你至少可以在任何时刻对这样的现实做现实的想象。在这里，你有一天也许会预感到，这种误解的现实不过是一种想象上微不足道的把戏。能够用真实自然的可怕严肃性衡量这种把戏，并能够将它同人之初的独特原始场景进行比较的任何人都必然带着恶心朝它喊道：滚开吧，你这鬼影！然而，如果你相信，像歌剧这样一种卖俏的尤物，你像对待幽灵那样朝它大喝一声，就能简单地将它赶走，那你就想错了。想要消灭歌剧的人，必须进行反对亚历山大式欢乐的斗争。那种欢乐在歌剧中如此天真地对它最喜爱的观念表达出自己的看法，歌剧甚至就是它本来的艺术形式。可是，如果有一种艺术形式根本不是起源于审美领域，而是从一种半道德领域偷偷溜进了艺术领域，只是会偶尔关于其杂交起源做出一点欺瞒，那么对于艺术本身来说，应该期待这样的艺术形式有什么样的效果呢？这种寄生的歌剧形式如果不是靠真正的艺术之精华为生，又靠什么呢？难道不可以猜想，在它的田园诗般的诱惑中，在它的亚历山大式恭维艺术中，最高的、可以称为真正认真的艺术使命——使眼睛免予注视黑夜的恐怖，通过外观的治疗油膏把主体从意志躁动的痉挛中解救出来——将蜕变为一种空洞的、给人消遣的赏心悦目倾向吗？在我谈论“表演式”的本质时阐述的那种风格的混合中，酒神倾向和日神倾向的永恒真理会变成什么呢？在这种混合中，音乐被看作仆人，言辞被看作主人，音乐被比作肉体，言辞被比作灵魂；最高目标至多不过在于一种说明性的音诗构图，类似于以前在新阿提卡酒神颂里的情况那样；音乐完全疏离了它真正的尊严，即成为酒神式的世界之镜，于是它剩下的就只有作为现象的奴隶，模仿现象的形式特质，在线条和比例的游戏中激发一种外在的赏心悦目。在一种严格的观察看来，歌剧对音乐的这种灾难性的影响和现代音乐的总体发展完全一致；潜伏在歌剧的产生过程中和由歌剧所代表的文化之本质中的乐观主义以惊人的速度成功地解除了音乐的酒神式世界使命，给它打上一种玩弄形式、轻松愉快的特征印记：这样一种改变，大概只有埃斯库罗斯式的人到亚历山大式的欢乐之人的变形可以与之相比了。

然而，如果我们在这里的举例说明中正确地将酒神精神的消失同希腊人的一种最引人注目、然而至今未加以解释的变化和退化联系了起来——那么当最可靠的征兆使我们确信会发生**相反的过程**，即我们现代世界中**酒神精神的渐渐苏醒**的时候，我们心中必然会复活出什么样的希望啊！赫拉克勒斯的神力不可能永远在为翁法勒[①]所服的大量苦役中耗尽。从德意志精神的酒神基础上，有一股力量升起，它与苏格拉底文化的原始前提毫无共同之处，既无法以这些前提来解释它，也无法以这些前提来为它辩解，毋宁说它被这种文化感受为可怕而无法解释的东西、强大而怀有敌意的东西，这就是**德意志音乐**，按我们的必然理解，尤其是从巴赫到贝多芬，从贝多芬到瓦格纳的强劲的太阳运转。我们的时代醉

---

① 翁法勒，希腊神话传说中的吕狄亚女王。赫拉克勒斯在必须短期为奴以赎罪时，就在她那里服苦役。

心于认识的苏格拉底学派即使在最有利的情况下，又能着手对这从无底深渊升起的魔鬼做些什么呢？既不能从歌剧旋律的装饰乐句和装饰小调出发，也不能借助于赋格曲和对位法中的增减计算，来找到一种表达方法，能给人以三倍的启迪，从而让那魔鬼甘拜下风，并迫使他说话。当我们的美学家现在用一张捕捉他们自认为很独特的"美"的罗网，朝他们面前以无法理解的勃勃生机嬉戏玩闹的音乐天才兜捕过去的时候，这会是什么样的一个场面啊！他们的行动既不能用永恒美的标准，也不能用崇高的标准加以评判。如果这些音乐的恩主如此不知疲倦地喊"美啊！美啊！"的，但愿我们能在近旁亲眼端详他们，瞧他们这时候是否看上去像在美人怀抱里受教养、受溺爱的自然之骄子，或者是否更应该说是在为特别的粗野寻找一种蒙人的掩饰形式，为特别的麻木不仁的清醒寻找一个审美的借口：在这里，我想到了奥托·扬[①]。可是，谎言家和伪君子要小心提防德意志音乐了，因为在我们的全部文化中，只有它才是唯一纯粹、纯净，同时也令人纯净的火之精灵，正如以弗所[②]伟大的赫拉克利特所说，万物均在往复循环的双向运动中出自于火，归诸于火：我们现在称之为文化、教育、文明的一切，有一天将必然出现在可靠的法官酒神狄奥尼索斯面前。

---

① 奥托·扬（1813—1869），德国波恩的古典语文学教授。

② 古希腊小亚细亚西岸的一个重要城市，希腊哲学家赫拉克利特（公元前约540—前约470）就是以弗所人。

然后让我们回忆一下，从同一源泉涌出的**德意志哲学**精神是如何由于康德和叔本华，通过证明注重知识的苏格拉底学派的局限，而有可能摧毁其心满意足的生存乐趣的；而且通过这种证明，更是引入了一种对伦理问题、对艺术的极其深刻、极其认真的思考，我们完全可以把这种思考称为镶嵌在概念中的**酒神智慧**：德意志音乐和德意志哲学之间这种统一的奥秘如果不是向我们指示一种新的生存形式，又是指向哪里呢？关于这种新的生存形式的内容，我们只是从希腊的类比中有所感悟。因为对于我们这些站在两种不同生存形式分界线上的人来说，希腊以一种有经典教育意义的形式，清楚显示出所有那些过渡和斗争方面所形成的典范，保留了这种不可估量的价值。只是我们似乎是以**相反的**顺序比喻性地经历希腊人各个伟大的主要时代，例如，现在我们似乎是从亚历山大时代迈开步子，走回到悲剧时代去。同时，我们身上有这样一种活生生的感觉，好像一个悲剧时代的诞生对于德意志精神来说，只是回到自身，在从外部闯入的巨大力量长时间地迫使生活在野蛮状态中的人接受它们的形式统治下的奴役之后，必然意味着极乐中的自我重新发现。现在，在德意志精神回到其本质之源之后，它终于不用依赖于一种罗曼语系的文明[①]，敢于大胆而自由地大踏步走到所有民族跟前。但愿它善于坚持不懈地向一个民族学习，向希腊

① 罗曼语系均自拉丁语衍生，主要语言有法语、意大利语、西班牙语等。这里所谓的“一种罗曼语系的文明”，显然指的是法兰西文明。

人学习。能向希腊人学习，本身就是一种高度的荣誉和罕见的超群出众。我们现在正在经历悲剧的再生，并处于既不知道它来自何方，又不能向自己指出它要去向何方的危险中，那么，我们有什么时候比现在更需要希腊人这些最高超的教师呢？

二十

但愿有一天，在一个不可收买的法官的审视之下，可以权衡出德意志精神至今是在什么时代，在哪些人身上，最拼命努力地向希腊人学习的；如果我们满怀信心地假定，这唯一的赞美必然归于歌德、席勒、温克尔曼[①]最高贵的教育奋斗，那么无论如何还应该补充说，自从那个时代以及那种奋斗的最新影响以来，在同一条道路上走向教育、走向希腊人的努力，已经莫名其妙地变得越来越弱了。为了不必完全对德意志精神绝望，难道我们不应该由此而得出以下结论吗？即认为在某些要点上，甚至那些奋斗者也没有成功地进入希腊本质的核心中去，没能在德意志文化和希腊文化之间造成一种持久的联姻。以至于对那种缺陷的无意识认识也许甚至在较认真的人中间也激起沮丧的怀疑，怀疑他们在这样的

① 温克尔曼（1717—1768），德国考古学家和艺术史家，代表作是《古代艺术史》。

先驱之后，是否会在这样的教育道路上像那些先驱者一样继续前进，进而达到目标。因此我们看到，自从那个时代以来，关于希腊人对教育有何价值的判断十分令人忧虑地蜕化了；在精神领域和非精神领域最五花八门的阵营里，都可以听到居高临下表示同情的说法；而其他地方则玩弄起“希腊式和谐”、“希腊之美”、“希腊之欢乐”之类毫无用处的华而不实之词。正是在那些如此尊贵地要为造福德国教育而不倦地从希腊河床里汲水的团体里，在高等教育机构教师的圈子里，人们最拿手地学会了又快又随意地接受希腊人，敷衍了事，甚至到了怀疑、背弃希腊理想，到了完全颠倒整个古典研究的真正目的的地步。那些圈子里的人，一般来说，若不是在当一个古代文献的可靠校对员或者一个语言学上的博物学显微镜专家[①]的努力中搞得完全精疲力竭，也许就是在试图“历史地”把希腊的古代文化和其他的古代文化一起占有，可是无论如何却是按照我们现代教育的历史编纂学方法和高高在上的姿态。因此，如果高等教育机构的教育力量从来没有像现在这样低下、这样薄弱，如果当代的纸奴——“新闻记者”在任何教育问题上都赢得了对高校教师的胜利，而对于这些教师来说，现在只剩下经常经历的变形了，说话行事拿着新闻记者的腔调，带着报界人士的“轻松优雅”，像一只欢乐而有教养的蝴蝶[②]——这样一种有教养的现代人瞪着

---

① 指咬文嚼字地研究古代文献，但没有从精神上去把握古代文化。

② 蝴蝶象征轻佻。

眼睛看那种只有比喻式地从至今未被理解的希腊天才最深的心底里出发才能理解的现象，即酒神精神的复苏和悲剧的再生，他们必然处于一种何等痛苦的迷惘中呀！还没有另一个艺术时代，在其中所谓的教育和真正的艺术像我们现在亲眼所见那样互相疏离、互相厌恶的。我们理解为什么一种如此薄弱的教育憎恨真正的艺术，因为它害怕自己毁于艺术之手。可是，整个一种类型的文化，即那种苏格拉底—亚历山大文化，在它到了娇美瘦弱的顶点，像现代教育那样，在那里停下来之后，难道它就不应该寿终正寝吗？如果像席勒、歌德那样的英雄也无法成功冲破那扇通向希腊魔山的魔门，如果以他们最无畏的拼搏也只是成就了歌德的伊菲革涅亚[①]在未开化的陶里斯隔海望乡的那种渴望目光，那么这类英雄们的追随者们还有什么好希望的，除非是大门从尚未被打开直至今日的文化所做出的所有努力触动的另一面自动打开——在复苏的悲剧音乐的神秘乐声中。

不要让任何人设法败坏我们关于即将来临的希腊古代文化再生的信念；因为只有在希腊古代文化中我们才找到我们借音乐之火的魔力更新和净化德意志精神的希望。在现代文化的荒芜疲惫中能唤醒某种对未来的令人欣慰的期待的，我们还能称之为别的什么吗？我们就寻找一根生长茂盛的根，一小块肥沃的好土地，到处都是灰尘、沙子、僵化、折

① 伊菲革涅亚是希腊神话中希腊联军统帅阿伽门农之女，本要被父亲用来祭月神阿耳忒弥斯，月神赦免了她，把她带到陶里斯做祭司。歌德写有《伊菲革涅亚在陶里斯》一剧。

磨。一个绝望的孤独者除了像丢勒[1]所画的和死神与魔鬼在一起的骑士，那位有着青铜器一般冷峻目光的铁甲骑士，还能选择什么更好的象征呢？那位骑士懂得不为他两个可怕同伴所动，然而无望地只身骑着骏马、带着狗，走上他的恐怖之路。我们的叔本华就是这样一位丢勒式骑士：他毫无希望，然而他要真理。现在已没有他这样的人了。

我们疲惫的文化刚才还被可怕地描写成一片荒凉，可是当它一接触到酒神的魔力，它就发生了怎样的变化啊！一场风暴袭击着一切老朽、腐朽、破碎、凋零的东西，旋转着将其裹在红色的尘雾中，像兀鹰一样将其带到空中。我们的目光茫然地寻找着消失的东西，因为我们的目光之所见，就像从沉没中一下子升腾到金光灿烂之中，如此浑厚、新鲜，如此生气勃勃，如此充满渴望、无可比拟。悲剧在崇高的狂喜中端坐于这丰盈的生命、痛苦与欢乐之中，它倾听着远处一首忧郁的歌曲——歌曲叙述着关于存在之母的故事，这些母亲的名字叫疯狂、意志、痛苦。是的，我的朋友们，请和我一起相信酒神式的生命活力和悲剧的再生吧！苏格拉底式人类的时代已经过去：戴上花环，手上拿着酒神手杖，如果豹和老虎邀宠地躺到你的膝下，不要感到惊讶。现在只要敢于做悲剧式的人，因为你们应该得到拯救。你们应该伴送酒神游行队伍从印度前往希腊！准备好艰巨的战斗，可是要相信你们的神之奇迹！

---

① 丢勒（1471—1528），文艺复兴时期德国最重要的油画家、版画家、装饰设计家和理论家。铜版画《骑士、死神和魔鬼》是他的重要作品之一。

二十一

从上述劝勉的腔调悄悄回到沉思者应有的情绪中，现在我要再说一遍：悲剧的这种奇迹般的突然苏醒对一个民族最内在的生命基础必然意味的东西，只能从希腊人那里学到。这是有着悲剧式宗教秘密仪式的民族，和波斯人打过仗的民族，而进行了那些战争的这个民族又需要悲剧作为必要的愈伤之饮。谁会猜到，正是这样一个民族，经过好几代人被酒神之魔的最强烈抽搐刺激到了骨子里之后，仍然有最单纯的政治感情、最自然的爱国天性、雄赳赳的原始战斗豪情如此源源不断地喷涌出来呢？可是，在酒神刺激的任何重大蔓延中，都可以感觉到，摆脱个体枷锁的酒神式解放首先体现在对政治本能的削弱，乃至于漠视和敌视上，所以无疑在另一方面，建邦立国的日神也是个体化原理的守护神，没有对个体个性的肯定，国家和爱国意识就不可能存在。对于一个民族来说，从放纵出发，只有一条路，这就是通向印度佛教之路，它为了使自己对虚无的渴望一般可以被忍受，需要那种难得的超越时空和个体的心醉神迷状态：这类状态再次要求一种哲学，这种哲学教人通过一种观念克服中间状态那种难以形容的不快。同样必然的是，从政治本能的绝对有效性出发，一个民族便走上一条绝对世俗化的道路，其最了不起然而也是最可怕的体现，便是罗马帝国。

希腊人处于印度和罗马之间，不得不面对具有诱惑性的抉择，却在此之外成功地以古典的纯粹，发明出第三种形式，当然他们自己并没有太久使用这种形式，但是恰恰因此而不朽。因为神的宠儿早死，这适用于万事万物，然而同样肯定的是，他们然后永远和诸神生活在一起。你毕竟不应该要求最贵重的东西有皮革一样的持久韧性；例如，罗马民族本能特有的坚强耐力也许不属于关于完美的必然称谓。可是如果我们问，希腊人用了什么灵丹妙药，竟然有可能在他们的伟大时代，在他们的酒神本能和政治本能非常强大的情况下，既没有被一种心醉神迷的沉思，也没有被令人耗尽心血的对世俗权力和世俗荣誉的追逐，搞得精疲力竭，而是实现了那种美妙的混合，就像一杯既让人燃烧又让人心情悠闲的名酒拥有的那种混合。那么，我们就必然念念不忘**悲剧**所具有的那种激发、净化、释放整个民族生命力的非凡力量；悲剧的最高价值只有当它像在希腊人中间那样，作为所有预防药疗效的典范，作为居于民族最强有力的素质和最灾难性的素质之间的调解女神，朝我们走来的时候，我们才会感觉得到。

悲剧把音乐的最高放纵吸收到自身中，以至于在希腊人那里，也在我们这里，它真正使音乐臻于完美，可是然后，它又将悲剧神话和悲剧主人公置于其旁，这时候，悲剧主人公就像一个大力的提坦神，把整个酒神世界背到背上，解除了这个世界给我们造成的负担；而在另一方面，悲剧又善于通过同一个悲剧神话，以悲剧主人公的身份，把人从贪恋此生的压力下拯救出来，并以告诫之手提醒人们还有另一种存在，有一种更高的快乐，奋斗的主人公通过他的毁灭，而不是通过他的胜利，充满预感地为这种更高快乐做好了准备。悲剧在其音乐的普遍有效性和易受感染的酒神式听众之间置入了一个崇高的比喻，即神话，并在听众那里唤起一种假象，好像音乐只是使神话的造型世界栩栩如生的最高表现手段。悲剧对这种高贵的错觉深信不疑，它现在可以运动它的四肢，跳起酒神颂舞蹈，毫不迟疑地沉醉于一种放纵的自由感。若没有那种错觉，它作为自在之音乐，是不敢沉醉于这种自由感的。神话保护我们抵御音乐，另一方面它又给音乐以最高的自由。为此，作为回馈，音乐又给予悲剧神话以一种透彻而富有说服力的形而上意义，只要没有音乐的帮助，语言和形象便绝不可能做到这一点；尤其是通过音乐而袭上悲剧观众的心头的，正是那种对最高欢乐的确切预感，经由毁灭和否定的道路通向了这种最高欢乐，以至于悲剧观众认为好像听到了从万物最内在的深处向他清晰地发出的声音。

如果上面最后几句话也许只是对这个难以理解的观念做出了一种暂时的、很少人能马上理解的表述，那么我恰恰在这里不可以就此罢手，而不鼓励我的朋友们再做一次尝试，不请他们依靠我们共同经验中的一个个案来为对普遍命题的认识做好准备。在这个个案中，我不可以提及那些利用舞台演出的形象、情节人物的台词和激情这些东西来接近音乐感的人。因为这些人都不是把音乐作为母语来谈论的，而且尽管有那些东西的帮助，他们也不过到了音乐感的前厅，不可以接触音乐感最深处的圣物；其中有些人，如格尔维努斯[①]，在这条道上甚至连前厅都没有到达。我只可以转向那些直接同音乐有关的人，他们把音乐看成母亲的怀抱，几乎只通过无意识的音乐关系同万物相联系。对于这些真正的音乐家，我要提出这样的问题：他们是否能想象一个人不用语言和形象的辅助，就能把《特里斯坦与伊瑟尔德》[②]的第三幕纯粹感受为非凡的交响乐章，不会在心灵动辄展翅飞翔时喘不上气来？他是一个这样的人：他如同在剧场里一样，似乎把耳朵贴到了世界意志的心房上，感觉对生存的强烈渴望像轰然奔腾的大江大河或者像最柔和地升腾着雾气的小溪，从这里灌进了世界的全部动脉中；难道他不应该就此粉身碎骨吗？在人类个体可怜的玻璃外壳中听到无数欢呼和惨叫的回声从“世界之夜的广袤空间”[③]传来，竟然面对着形而上学的这种牧人轮舞[④]而不马不停蹄地逃向他的原始家园，他会忍受得了吗？可是，如果这样一部作品能够作为整体被感

① 格尔维努斯（1805—1871），德国历史学家。

② 《特里斯坦与伊瑟尔德》本是中世纪的一部骑士传奇。这里指的是瓦格纳根据该题材改编的歌剧。

③ 瓦格纳歌剧《特里斯坦与伊瑟尔德》中的歌词。

④ 指形而上学思维方式的简单推导与演绎、组合。

受到而没有对个体存在的否定，如果这样一种创造物可以被创造而不用击碎其创造者——那我们又从哪里去弄来这种矛盾的解决办法呢?

这里，在我们的最高音乐刺激和那种音乐之间，挤入了悲剧神话、悲剧主人公，它们归根结底只是作为只有音乐才可以直接言说的普遍事实的比喻。可是，如果我们纯粹作为酒神式的生灵来感受神话，那么神话作为比喻就会毫无效果、不被重视地待在我们旁边，任何时刻都会使我们有兴趣让我们的耳朵去听一听先于事物的普遍性（universalia ante rem）的回声。然而在这里，**日神**力量迸发出来，带着一种欢乐错觉做成的治疗油膏，要让几乎炸得粉碎的个体复原。突然我们相信自己只看见特里斯坦一动不动，麻木地自问："老调重弹；它为何唤醒我?"[①]从前让我们感到像是来自存在之中心的一声空洞叹息的东西，现在只想要对我们说：多么"荒凉空旷的大海"。[②]而在我们误以为自己背过气去，正在所有感觉直挺挺的痉挛中死去，然而尚存一息的时候，我们只听见、看见受了致命伤然而还没有死亡的主人公发出绝望的呼喊："渴望！渴望！我在死亡中渴望，因渴望而不死！"[③]如果说以前，号角的欢呼在过于丰富、过于大量的痛苦把人折磨得精疲力竭之后，有如最高的痛苦一样把我们的心撕

① 瓦格纳歌剧《特里斯坦与伊瑟尔德》中的歌词。

② 同注释①。

③ 同注释①。

碎，那么现在在我们和这种“欢呼本身”之间却站立着面朝伊瑟尔德乘坐的船欢呼的库夫纳尔[①]。尽管怜悯之情如此强烈地影响我们，然而在某种意义上，怜悯之情却把我们从世界的原始痛苦中拯救出来，就像神话的比喻形象把我们拯救出来一样，使我们免于对最高世界理念的直接注视，就像思想和言辞把我们拯救出来一样，使我们逃避决堤的无意识意志洪流。由于那种美好的日神错觉，我们觉得声音的王国就像一个形象世界一样朝我们走来，好像甚至在这个世界里只形成了，并像雕塑一般清楚显现出特里斯坦和伊瑟尔德有如用最敏感、最富于表现力的材料做成的命运。

于是，日神倾向把我们从酒神普遍性扯开，让我们为个体而陶醉；它把我们怜悯的激情捆绑到这些个体上，通过这些个体满足渴望伟大、崇高形式的美感；它在我们面前展现生命形象，刺激我们从思想上领会它们所包含的生命核心。日神倾向以形象、概念、伦理规范、怜悯的激情等巨大力量，把人从放纵的自我毁灭中拽出来，哄骗他超越酒神事件的普遍性，进入这样一种疯狂：他看见个别的世界形象，例如特里斯坦和伊瑟尔德，并且**通过音乐**而更真切、更内在地看见这世界的形象。如果日神精于医道的魔力本身能激起我们的错觉，好像酒神倾向真的能帮助日神倾向提高其效果，甚至好像音乐本质上就是关于一种日神式内容的表演艺术，那么这种魔力还有什么做不到的呢？

---

① 《特里斯坦与伊瑟尔德》中特里斯坦的侍从。

在漫游于完美的戏剧及其音乐之间的那种预先确立的和谐之中，戏剧达到了一种对于语言戏剧来说，在其他情况下达不到的最高可看性程度。有如所有生动活泼的舞台形象以独立运动的旋律线索在我们面前简化为弧形线条的清晰性，这些线索的并存以最细腻的方式和在进行中的事件中，朝我们响起了发生共鸣的和声变化；通过这种和声变化，我们可以以感官上可感觉到的、毫不抽象的方式直接领悟到万物的关系，我们也同样通过它认识到，只有在这些关系中，一种性格和一种旋律线索的本质才真正得以显现。而当音乐如此迫使我们比往常看得更多、更深刻，舞台上的事件轻纱般展现在我们面前的时候，舞台世界为我们超凡脱俗、深入洞察的眼睛无限扩展，同时也由内而外地将里外照亮。语言诗人能提供类似的东西吗？尽管他费尽心机，间接地用更不完美的机械手段，从语言和概念出发，去达到那种可见的舞台世界的内在扩展及其内在的照明。尽管音乐悲剧也附带使用语言，但是它能同时提供语言的基础和来源，让我们从里到外地搞清楚语言的生成。

然而，关于刚才描述的事情同样可以确切地说，它只是美好的外观，即前面提到的日神**错觉**，通过这种错觉效果，我们可以免去酒神式的洪流和过剩造成的压力。归根结底，音乐同戏剧的关系恰恰相反：音乐是真正的世界理念，戏剧只是这种理念的一种回光返照，是它的一种个别影像。旋律线索和活生生形象之间、和声与那个形象的性格关系之间的同一性是真实的，但是和我们在观看音乐悲剧时会认为的那样正好意思相反。即使我们用最可见的方式使形象活动并活灵活现，由里到外放射光芒，它也始终只是现象，没有一座桥梁可以从这种现象跨入真正的现实，跨入世界之心。可是音乐的声音发自世界之心；无数那种类型的现象可以借助同样的音乐，它们绝对不会让这种音乐的天性枯竭，而始终只是它的表面化映像。用流行然而完全错误的灵魂肉体对立说当然无法解释音乐和戏剧之间难以说明的关系，而且把一切都搞得乱七八糟；可是，那种对立说的非哲学的粗俗性似乎恰恰在我们的美学家那里，不知是出于什么原因，变成了一个被欣然承认的信条，而他们关于现象和自在之物的对立却一无所知，或者出于同样无人知道的原因，什么也不想知道。

如果我们分析的结果是，悲剧中的日神倾向通过它的错觉完全取得了对音乐的原始酒神因素的胜利，利用音乐来达到它的目的，即把戏剧解释得一清二楚，那么当然应该加上一个非常重要的限定：日神错觉在最关键时刻遭到突破和摧毁。戏剧在音乐帮助之下，以全部动作和形象如此透彻明亮的清晰度展现在我们面前，就好像我们看见织物在织布机的上下颤动中成形一样——达到了一种处于**所有日神艺术效果彼岸**的整体效果。在悲剧的总体效果中，酒神倾向再次获得优势；悲剧以一种绝不可能从日神艺术王国传来的声音宣告结束。于是，日神错觉露出真相，表明它在整个悲剧演出期间一直在不断给真正的酒神效果蒙上面纱。然而酒神效果如此强大，最后把日神戏剧本身逼到开始用酒神智慧说话、否定自己、否定自己的可见性的地步。所以，悲剧中日神倾向和酒神倾向之间难以名状的关系真的应该用日神和酒神的兄弟结盟来象征：酒神说着日神的语言，而日神则最终说起酒神的语言，从而悲剧以及一般意义上的艺术的最高目标就达到了。

二十二

但愿留心的朋友能凭借他自己的经验，纯粹而毫不掺杂地想象一部真正的音乐悲剧的效果。我认为我已经从两个方面描述了这种效果的现象，他现在可以解释他自己的经验了。因为他将记得，就他面前展现的神话而言，他感觉自己被提升到一种全知全能之中，好像现在他眼睛的视力不仅是一种平面视力，而且能够深入到事物内部。就好像他现在借助于音乐，几乎对意志的沸腾、动机的冲突、激情的汹涌澎湃都有了感性视觉，就像看见大量活生生地运动着的线索和形象，从而能深入无意识激情最奥妙的秘密中去。尽管他因此而意识到他的可视本能和美化本能上升到了最高境界，他却同样确切地感到，这一大堆日神艺术效果并不产生那种持续沉浸在无意识观看中的幸福状态，而这种状态正是造型艺术家、史诗诗人，即真正的日神艺术家，通过他们的艺术作品而在他身上唤起的。也就是说，在那种观看中达到的为个体化世界的辩解，日神艺术的顶点与典范就是这样的。他看着美化的舞台世界，却对它加以否认。他看见面前的悲剧主人公有史诗般的清晰和美，却对他的毁灭感到高兴。他最彻底地理解舞台事件，很愿意逃入无法理解的事物。他感觉主人公的行为得到辩解，但是，当这些行为毁灭了行为者时，他更感到振奋。他为主人公将遭遇的痛苦感到震撼，可是看到痛苦，又预感到一种更高、更强烈得多的快感。他从来没有看得如此之多，如此之深刻，却希望自己失明。这种奇怪的自我分裂，这种日神顶点的翻转，如果我们不到在外观上刺激最高的日神激情，却能迫使这漫溢的日神力量为自己服务的**酒神**魔力中去寻找其根源，又到哪里去寻找呢？**悲剧神话**只应该理解为酒神智慧通过日神艺术手段的一种形象阐明；它把现象世界引导到极限，在那里，现象世界自我否定，并重新试图逃回到真正的唯一现实的怀抱里；在那里，现象世界似乎和伊瑟尔德一起如是唱出它形而上的绝唱：

在幸福之海
滔天的波浪中，
在芳香浪涛
发出的声音中，
在世界呼吸
吹送的万物中
无意识地——溺死——

沉没——最高的快乐！[①]

所以，让我们借助真正审美听众的经验，想象一下悲剧艺术家本身，看他是如何像一个想象力丰富的个体化之神创造他的形象的，在此意义上，他的作品几乎不应该理解为“对自然的模仿”——可是然后他的非凡酒神本能如何吞噬了这整个现象世界，以便在他身后，并通过他的毁灭，让人预感到一种在太一怀抱中的最高的原始艺术快感。当然，我们的美学家不善于谈论这种对原始家园的回归，谈论悲剧中两位艺术之神的兄弟结盟，谈论听众的日神、酒神激情，同时却不倦于把主人公同命运的斗争、世界道德秩序的胜利或者悲剧发挥的一种感情宣泄作用描写为真正的悲剧因素。其孜孜不倦让我想到，他们也许根本不想当有审美激情的人，在听悲剧的时候，也许只应该把他们看作道德人。自从亚里士多德以来，还从来没有过一种关于悲剧效果的解释，你可以从中推断出艺术状态、推断出听众审美活动的。时而怜悯和恐惧被认为应该由严肃的事件推向一种让人缓解的宣泄；时而我们被认为应该在善良高贵原则胜利时，在主人公做出道德世界观意义上的牺牲时，感觉崇高和振奋；所以我确信，对于无数人来说，恰恰这一点，而且只有这一点，才是悲剧的效果，由此清楚地得出结论：所有这些人，加上他们那些做出解释的美学家，对作为最高**艺术**的悲剧没有任何体验。那

① 瓦格纳歌剧《特里斯坦与伊瑟尔德》中伊瑟尔德的终场唱词。

种病理学的宣泄，即亚里士多德的卡达西斯[1]，哲学家们并不确切知道，应该把它算作医学现象还是道德现象，它却让人想起歌德的一种奇特预感。他说："我没有一种强烈的病理兴趣，也从未成功地探讨过某一种悲剧情境，因此我宁愿回避悲剧情境，而不是寻求它。最高激情之作在古人那里只是审美游戏，在我们这里要产生一部这样的作品，却不得不同时有逼真的效果，难道这不是古人的优点之一吗？"[2]对于这最后一个如此深刻的问题，我们恰恰在音乐悲剧中惊讶地体验了最高激情之作其实只能是审美游戏之后，现在可以按照我们自己的美妙经验做出肯定了，因此我们可以相信：只有现在，才可以较为成功地描写悲剧因素的原始现象了。谁现在还是不得不谈论那些来自非审美领域的替代效果，感觉超越不了病理—道德过程，谁就也许只能对自己的审美天性感到绝望了。对此，我们推荐他按照格尔维努斯的方法解释莎士比亚，并努力探究"诗的正义"，作为无害的替代。

于是，随着悲剧的再生，**审美听众**也重新诞生，在迄今为止的剧场里，他的位子上通常是一个古怪的替代者——"批评家"，以半道德、半学问的资格坐在那里。在他至今的领域里，一切都是人为的，只是用一种生命的外观做了掩

---

① 原文为Katharsis，含有导泻、通便的意思，在人文领域一般翻译成"净化"、"陶冶"或"宣泄"。

② 歌德于1797年12月18日致席勒的信。

饰。表演艺术家事实上不再知道，他得如何着手同这样一个持批评态度的听众打交道，因此和给他灵感的戏剧家或歌剧作曲家一起，不安地在这个高度乏味、没有欣赏能力的家伙那里寻找一点点尚存的生气。可是，至今为止，公众就是由这样的"批评家"构成的；大学生、中小学生甚至最无害的尤物，已经在不知不觉中被教育和刊物造就了一种对艺术品的相同感知。艺术家中气质较高贵的人面对这样的公众，就指望激发起道德—宗教的力量，而对"道德世界秩序"的呼吁则在一种强大的艺术魔力本应该使真正的听众心醉神迷的地方取而代之地介入。或者当今政治、社会各界的一种了不起的、至少是令人兴奋的倾向被戏剧家如此清晰地表现出来，以至于听众会忘记自己在批评上已经枯竭，沉湎于类似在爱国主义时刻或战斗时刻，或者在议会的讲台前或谴责犯罪和罪恶时所具有的那种激情：这样一种对真正艺术目的的疏离必然时不时完全导致对倾向性的迷信。然而在这里，介入了一种在所有伪装的艺术那里一向都会介入的东西，即那种倾向性的极其迅速的变质，以至于，例如那种把剧场用作大众道德教育机构，这种倾向性在席勒时代就很看重，已经作为被超越的文化，被算在不可置信的古董之列了。当批评家在剧场和音乐会、新闻记者在学校、报刊在社会上占据统治地位的时候，艺术蜕化为最低档次的聊天对象，审美批评被用作一种爱虚荣的、分散的、自私自利的，外加匮乏而无创造性的社交的黏合剂，这种社交的意义，叔本华那个关于豪猪的寓言向我们作了暗示[1]；以至于艺术从来没有被聊得如此之多，却被保留得如此之少。可是，你还能同一个善于聊贝多芬和莎士比亚的人交往吗？让每个人按照他自己的感情来回答这个问题吧：他无论如何都将以回答来证明他把“文化”想象成什么，前提是他至少试图回答问题，而不是已经惊讶得哑口无言了。

另一方面，有些天性高贵而细腻的能人，尽管按照上述描写过的方式，他们已经逐渐变成了批评上的野蛮人，但是他们还是会不得不谈论例如一场十分成功的《罗恩格林》[2]对他们产生的一种既出乎意料，又完全无法理解的效果。只是，他们也许缺少一个帮着提醒他们、帮着起指点作用的帮手，以至于甚至当初震撼他们的那种极其纷繁复杂、完全无可比拟的感觉仍然很孤立，就像一颗神秘的星星，在短暂发光之后熄灭了。此时此刻，他隐隐感觉到何为审美听众了。

---

① 叔本华写过这样一个关于豪猪的寓言：一群豪猪在寒冷的冬天挤在一起取暖，因为身上有刺互相难以接近，最后它们只好彼此保持适当距离，以便既可取暖，又不至于刺着对方。

② 瓦格纳根据中世纪题材改编的歌剧。

二十三

想要真正精确地自我检验，自己在多大程度上跟真正的审美听众相关或属于苏格拉底式批评家团体的人，只需要真诚地询问一下：自己是带着什么样的感受来接受舞台上演出的**奇迹**的。无论他感觉到在这期间他的严格关注心理因果关系的历史感受到伤害，还是他以好意的让步几乎将奇迹容忍为一种对于孩子可以理解、对于他却很陌生的现象，抑或他在这期间忍受着别的什么事情。因为以此方法，他可以衡量他在多大程度上能理解**神话**这一世界形象的总和，它作为现象的缩写词是不能没有奇迹的。然而，或许几乎每个人，经过严格检验，都感觉自己被我们教育中的批评史精神瓦解了，只能在学问的道路上，通过间接的抽象，使自己相信神话曾经存在过。可是，没有神话，任何文化都会丧失其健康的自然创造力；只有用神话调整的视野才能将整个文化运动圈定在一体中。所有的幻想力和日神的梦幻力量才会被神话从它们盲目的四处漫游中拯救出来。神话的形象必然是不知不觉中无处不在的魔鬼般的守护者，在其守护之下，年轻的心灵成长壮大，借助其符号，人类解释自己的生活和斗争，甚至国家也不知道有比让人确信国家与宗教间关系、确信国家从神话想象中发展起来的神话基本原则更强有力的不成文法。

现在，在其旁边，让我们放上抽象的没有神话引导的人、抽象的教育、抽象的习俗、抽象的法律、抽象的国家；让我们想象无规则的、不受本地神话束缚的艺术幻觉之漫游；让我们想象一种文化，它没有坚实的神圣原始根基，而是注定要穷尽所有可能性，靠所有文化养活自己——这就是现代，作为那种旨在摧毁神话的苏格拉底主义的结果。而现在，没有了神话的人永远处于饥饿状态中，被全部的往昔所包围，挖地三尺地搜寻根基，尽管他不得不到最遥远的古代去挖掘它。不满足的现代文化的巨大历史需求、无数其他文化的包围、让人精疲力竭的认识愿望，如果不是表明神话的丧失，表明神话家园、神话母腹的丧失，还会表明什么呢？让我们自问，这种文化的狂热而又如此可怕的表现是否就是某种不同于饥饿者贪婪攫食、扑食的东西呢？谁还想要给这样一种文化以某种东西呢？这种文化不会满足于它吞下的一切，而且经它一接触，通常最营养丰富、最有益于健康的食品也变成了“历史与批评”。

如果我们的德意志天性已经以我们可以在文明的法兰西惊讶地观察到的那种方式和我们的文化纠缠得难分难解，甚至成为一体，那么我们不得不痛苦地为我们的德意志天性感到绝望；长期以来都是法兰西伟大优点及其巨大优势原因的东西，即那种民族与文化的一体，会使我们看到以下状况而不得不感到庆幸：我们这种如此成问题的文化至今都跟我们民族性格的高贵核心毫无共同之处。更应该说，我们的全部希望都焦渴地探寻那样的感觉：在这不安地上下颤动的文化生命和教育痉挛之下，隐藏着一种美妙的、内在健康的原始力量，当然，这种力量只有在非凡时刻才强有力地动弹一下，然后重新梦想着未来的觉醒。从这个深渊里，生长出德国的宗教改革；在其赞美诗中，首先响起德意志音乐的未来旋律。这首路德的赞美诗作为春天临近时从茂密的丛林里传出的第一声酒神召唤，声音如此深沉、勇敢、富于深情，如此洋溢着善和温柔。庄严而放纵的酒神狂热者节日游行队伍以竞争的回声对它做出回应，我们要将德意志音乐归功于这些狂热者——我们将把**德意志神话的再生**归功于这些狂热者！

我知道，我现在必须把密切关注的朋友领到只会有少数伙伴、可以孤独地进行思考的一块高地上，我鼓励地朝他喊，我们得牢牢抓住我们那些给人以光明的向导——希腊人。为了净化我们的审美认识，我们至今都一直向他们借用了那两位各自统治着自己专门艺术领域的神，我们通过希腊悲剧而感受到他们的相互联系和相互促进。在我们看来，希腊悲剧的灭亡必然是由两种原始艺术本能的明显分裂造成的。这样一个事件，是和希腊民族性格的退化和改变相一致的，这种退化和改变要求我们认真思考：艺术和民族、神话和习俗、悲剧和国家是如何从根本上必然地、密切地关联在一起的。悲剧的灭亡同时也是神话的灭亡。直到那时候，希腊人都是不由自主地把经历的一切立即同他们的神话联系起来的，甚至只通过这种联系来理解所经历的一切。由此，甚至最近的现在在他们看来似乎也必然马上在永恒外表下（sub specie aeterni），而且在某种意义上，作为无限而出现。可是国家和艺术都同样浸入这条无时间的大河中，以便在大河中寻找安宁，逃避此时此刻的重负和贪欲。一个民族的价值是多少——顺便说一下，一个人亦如此——就看它能在自己的经验上打上多少永恒的印记。因为这样一来，它似乎就超凡脱俗了，并显示出它对时间的相对性和生命的真正的，也就是说，形而上的意义所抱有的无意识内在信念。如果一个民族开始历史地理解自己，捣毁自己周围的神话堡垒，那么相反的情况就会出现。与此相联系的通常是一种明显的世俗化，一种同它以前生存的无意识形而上学的决裂，以及由此造成的所有伦理后果。希腊艺术，尤其是希腊悲剧，首先阻止了神话的毁灭：你得把它们一起消灭掉，才可以脱离故土，无拘无束地生活在思想、习俗、行为的荒野上。甚至现在，那种形而上的本能仍尝试在渴望生活的知识苏格拉底主义中为自己创造一种美化的形式，尽管只是一种弱化了的形式。然而，在低级阶段，这同样的本能只是导致一种狂热的追求，这种追求渐渐迷失在一大堆从各处收集来的神话和迷信的群魔乱舞之中。希腊人仍然心情不平静地坐在它们中间，直到他作为小希腊人，懂得了用希腊之欢乐和希腊之无忧无虑来掩饰这种狂热，或者在东方某种麻木不仁的迷信中充分麻痹自己。

自从亚历山大—罗马的古代文化在15世纪复苏以来，在一个难以描述的长时间幕间插曲之后，我们以最引人注目的方式走近了上述那种状态。高高在上，这同样过于丰富的求知欲、这同样不知餍足的发现狂、这同样非凡的世俗化，此外还有一种无家可归的四处游荡、一种挤到别人宴席上攫食的贪欲、一种对现代的轻浮崇拜或者在麻木不仁的麻痹中脱离在世俗外表下（sub specie saeculi）的一切，即脱离"现在"。这些同样的征兆让人猜到了这种文化核心中的同样的缺陷，猜到了神话的灭亡。持续地成功移植一种外来神话而不在移植中无可救药地把树木损坏，这似乎不大可能：树木也许很健康强壮，足以用艰苦卓绝的斗争把那外来因素重新排出体外，可是通常也必然在久病不愈、形容枯槁中，或者在病态的疯长中耗尽自己。我们如此看重纯粹而强有力的德意志天性的核心，以至于我们恰恰敢于期待它有力地排除植入的外来因素，并认为德意志精神回归自我的醒悟是有可能的。也许有些人会认为，德意志精神必须以排除罗曼语文化因素[①]来开始它的斗争。为此他们也许在上一场战争[②]中的常胜胆识和血腥荣耀中，认识到一种外部的准备和勉励，但是不得不在竞争中寻求内在的迫切要求，永远无愧于做路

① 这里指的是法兰西文化因素。

② 指1871年的普法战争。

德之路和我们伟大艺术家、诗人之路上的崇高开路先锋。但愿他们绝不要相信，没有他们的家族守护神，没有他们的神话家园，没有所有德意志事物的“恢复”，就能进行相似的战斗！如果德国人畏缩不前地环顾四周，寻找一个向导，以便被重新带回到早已失去的家园，家园的路径他几乎已不再认得——那他只要倾听在他头顶上盘旋、愿意为他指路的酒神之鸟喜庆而迷人的呼唤就行了。

二十四

在音乐悲剧的独特艺术效果中，我们必须强调一种日神**错觉**，通过这种错觉，我们可以避免和酒神音乐直接融为一体，而我们的音乐激情却可以宣泄到一个日神领域和介于其间的一个明显的中间世界。同时我们相信，通过这种宣泄，舞台事件的中间世界，以及一般来说，戏剧本身，从某种程度上讲，从里到外都变得可见和可理解了，这种程度在所有其他日神艺术中是达不到的。所以我们在这种艺术几乎受到音乐精神的激励和提升的地方，不得不承认这种艺术力量的最大强化，从而也承认，在日神、酒神的那种兄弟结盟中，日神和酒神艺术意图所达到的巅峰。

当然，日神影像正是在被音乐内在地照亮的时候，达不到较弱程度的日神艺术的独特效果；史诗或被赋予灵性的石头所能做的事情，即迫使注视的眼睛宁静地陶醉于个体化世界，在这里却做不到，尽管有一种更高的灵性和更高的清晰度。我们注视着戏剧，用洞察秋毫的目光深入它活跃的内在动机世界——然而我们感觉好像只有一个比喻形象从我们面前经过，我们相信自己几乎猜到了其深刻意义，我们想要把它像帷幕一样拉开，以便看到他后面的原始形象。形象最明明白白的清晰度并不让我们感到满足，因为与其说它要揭示什么，倒不如说掩盖什么；一方面它似乎用它比喻式的揭示来要求撕掉面纱，揭露神秘的背景；另一方面，正是那种彻底照亮的一目了然迷住了眼睛，阻止它看得更深入。

没有过既不得不看，又渴望超越这种看的体验的人，将很难想象这两个过程在注视悲剧神话的时候，是如何确确实实、明明白白地并列在一起，并被并列在一起感受到的；而真正的审美观众将对我承认，在悲剧的独特效果中，那种并列是最引人注目的。现在你若把这种审美观众的现象移入悲剧艺术家的相似过程中去，你就会明白**悲剧神话**的起源了。它同日神艺术领域分享从外观和观看中得到的完全的快感，同时他又否定这快感，在有形的外观世界的毁灭中得到一种更高的满足。悲剧神话的内容首先是一个史诗事件，和对一个拼搏中的主人公的美化。可是，主人公命运中的痛苦、最令人心痛的征服、最折磨人的动机对立，总之，那西勒诺斯智慧的例证，或者，用美学上的说法，丑与不和谐，被一再以如此无数的形式和如此的偏爱重新描述出来，而且恰恰是在一个民族最兴旺、最年轻的时代。如果不是恰恰对所有这一切感知到一种更高的乐趣，那么这些本身谜一般的特征究竟从何而来呢？

说生活实际上如此悲惨，是完全无法解释一种艺术形式产生的；因为艺术不仅仅是对自然现实的模仿，而且恰恰是对自然现实的一种形而上的补充，是为了战胜自然现实而置于其旁的。悲剧神话，就它一般属于艺术领域而言，总体上也完全参与了艺术的这种形而上的美化意图。可是，如果它展示了以受苦的主人公形象出现的现象世界，那么它美化了什么呢？完全不是这种现象世界的“现实”，因为它恰恰在对我们说：“瞧啊！仔细瞧啊！这就是你们的生活！这就是你们生存之钟上的时针！”

而神话展示这种生活，就是为了要在我们面前美化它吗？如果不是，那么我们还让那些形象在我们面前经过的审美快感何在？我问的是审美快感，但是我完全知道，在此之外，有许多这样的形象有时还会产生例如以怜悯形式或道德上的胜利的形式出现的道德快感。然而，想要仅仅从这种道德根源推导出悲剧因素的效果——当然这在美学界长时间以来已经习以为常了——的人，只是不要相信因此就为艺术做了些什么：艺术必然尤其要求它领域里的纯粹。要解释悲剧神话，恰好第一个要求就是，在纯粹的审美领域内寻求它所特有的快感，而不侵入到怜悯、恐惧、道德崇高的领域中去。那么，悲剧神话的内容——丑与不和谐如何才能引起审美快感呢？

在这里，有必要通过重复我在前面所说的命题——只有作为审美现象，生存和世界才显得有充分理由——作为大胆的助跑，以便一跃而进入一种艺术形而上学：在这个意义上，正是悲剧神话必然让我们相信，甚至丑与不和谐也是意志在其永远洋溢的快感中同自己玩的一场艺术游戏。然而，酒神艺术这种难以理解的原始现象只有直接按照**音乐不谐和音**的奇异意义才好理解，才能直接把握：一般来说，只有与世界并列的音乐才能告诉我们，应该怎样来理解世界作为一种审美现象的合理性。悲剧神话产生的快感像音乐中的不谐和音的快感一样，有一个同样的家园。酒神倾向和它自己在痛苦中感受的原始快感是音乐和悲剧神话的共同母腹。

我们不是暂且可以借助不谐和音的音乐关系使那个悲剧效果的难题从根本上变得容易起来吗？我们现在就来理解在悲剧中想要看同时又渴望超越看是什么意思吧。这种状态，我们也许就得从艺术地运用的不谐和音的角度来如此描述其特征，即我们想听，同时又渴望超越听。在清晰感知的现实所唤起的快感中，那种进入无限的努力，那种振翅飞翔的渴望，让人想起，我们不得不在两种状态中认识到一种酒神现象，这种现象用一种类似于晦涩哲人赫拉克利特用来把构建世界的力量比做一个来回放置石头玩耍、垒起沙堆又把它砸毁的小孩的方法，向我们一而再，再而三地把个体世界玩耍一样的建立与摧毁揭示为一种原始快感的结果。

所以为了正确估价一个民族的酒神能力，我们不仅要想到这个民族的音乐，而且也同样有必要想到这个民族的悲剧神话，将它看作那种能力的第二位见证。考虑到音乐和神话之间这种极为密切的关系，现在可以同样猜想，一者的蜕化变质将关联着另一者的凋零，因而也可以说，酒神能力的削弱尤其在神话的削弱中表现出来。而关于两者，看一眼德国人天性的发展就不会让我们再有任何怀疑了：在歌剧中，就像在我们没有神话的生存之抽象性中一样；在一门沦为取乐的艺术中，就像在一种受概念引导的生活中一样，苏格拉底乐观主义那种既非艺术又消耗生命的天性向我们暴露出来。然而让我们感到安慰的是，有一个迹象表明，尽管如此，德意志精神仍然休憩于、入梦乡于一个难以到达的深渊中，十分健康、深沉、富于酒神力量，坚如磐石，像一个沉睡的骑士。从这个深渊中，有酒神歌曲向我们传来，要让我们明白，这位德意志骑士甚至现在还在梦见幸福庄重之幻影中的原始酒神神话。如果德意志精神还如此清楚地理解那讲述家乡故事的鸟鸣声，那么有谁相信它竟会永远失去其神话家园呢？有一天它将发现自己醒来，在一次非凡睡眠以后早晨的非凡清新之中：这时候，它将屠龙，灭掉阴险的侏儒，唤醒布伦希尔德[①]——连佛旦[②]的长矛也挡不了它的道！

我的朋友们，你们这些相信酒神音乐的人，你们也知道，悲剧对我们意味着什么。在悲剧中，我们拥有从音乐中再生的悲剧神话——而在悲剧神话中，你们可以希望一切，忘却最痛苦的事情！可是，最痛苦的事情对于我们大家来说，是德意志天才远离家园，在对阴险侏儒的侍候中长期苟且偷生的屈辱。你们明白那个词——就像你们最终也会明白我的希望一样。

---

① 德意志民族史诗《尼伯龙根之歌》中的冰岛女王，嫁给了勃艮第国王巩特尔为妻。

② 又叫奥丁，北欧神话中的主神，世界的统治者，持长矛。

二十五

音乐和悲剧神话同样都是一个民族酒神能力的表现，相互之间是不可分的。两者都来源于一个超越日神倾向的艺术领域；两者都美化一个领域，在这个领域的快乐和谐中，不谐和音和可怕的世界形象都迷人地渐渐消失；两者都相信自己强有力的魔幻艺术，玩弄痛苦的刺针；两者都通过这种玩弄，甚至为“最劣世界”的存在辩护。在这里，酒神倾向跟日神倾向相比，显现为永恒、原始的艺术力量，这种力量尤其呼唤整个现象世界进入生存中，正是在这个世界中，一种新的美化外观成为必然，以便保持活生生的个体化世界的生机。如果我们可以想象不谐和音变成人——要不然，人是什么呢？——那么这种不谐和音为了能活着，就需要一个美好的幻觉，用一块美的面纱把它自己的身体遮挡起来。这是日神的真正艺术意图：我们以日神的名义概括了美的外观所有那些不计其数的幻觉，这些幻觉任何时刻都一般地使生存值得把握，并促使它体验下一时刻。

在这个过程中，从全部存在的基础，从世界的酒神基础中有多少东西进入个人的意识中，就有多少东西会被那种日神的美化力量所克服，以至于这两种艺术本能不得不按照永恒正义的法则，以严格对应的比例来展现他们的力量。在酒神力量如我们所体验的那样迅猛上升的地方，日神必然已经在云彩的萦绕中降临我们中间；下一代人也许将一睹他最丰富的美的效果。

可是，如果每个人曾感觉到，哪怕是在梦中感觉到，他被放回到了古希腊的生活中，那么，每个人都会通过直觉而最确切地抱有同感：上述那种效果是必然的。走在高耸的爱奥尼亚廊柱下，眺望以纯粹和高贵线条裁剪出来的地平线，在照得通亮的大理石上看到自己旁边有自己美化形象的映像，在自己周围迈着庄严的步伐或者轻柔地活动着的人群正在发出和谐的声音，打着有节奏的手语——在美的这种不断涌入中，难道他不会必然地朝日神举起手大喊："极乐的希腊人！如果得洛斯之神[①]认为有一种魔力很有必要，可以治愈你们的酒神疯狂，那么，在你们中间，作为这种魔力的酒神必然是多么伟大啊！"——可是，对于一个怀有如此情绪的人，一位雅典老人会用埃斯库罗斯的崇高目光仰视他，并回答说："可是你这奇怪的外乡人，你也说说这些：这个民族为了能变得如此之美，不得不受过多少痛苦啊！可是现在随我去看悲剧，和我一起在两位神灵的殿堂里献祭吧！"

---

① 即日神阿波罗，因为他出生在得洛斯岛上，因此而有这一称呼。